Unsere ersten Esel

Marisa Hafner

2., aktualisierte Auflage

Ulmer

Inhalt

Esel als Haustiere 4

Fütterung 52

Unterbringung 28

Nachwuchs 68

Gesund oder krank? 80

Was kann man mit einem Esel unternehmen? 96

Rasseporträts 26/27, 50/51, 66/67, 78/79, 94/95

Service 107

Esel als Haustiere

▶ Der Esel ist weit mehr als das Pferd des armen Mannes!

Der Esel ist ein anhänglicher Freund des Menschen und eine geistige und gefühlsmäßige Bereicherung. Er ist außerordentlich klug, sanft und vielseitig.

Seit 6000 Jahren trägt er des Menschen Bürde, und sein Name ist dennoch ein Schimpfwort geblieben. Jeder glaubt den Esel zu kennen, doch kaum einer hat ihm schon ins Auge geblickt. Als störrisch gilt er und als dumm, und führt sein Dasein in wörtlich zunehmender Grauzone, während die Eselkenner und -freunde mit Recht ein Loblied auf diesen wundervollen Zeitgenossen anstimmen.

Interesse und Verantwortung

Der Wunsch nach einem Esel kann sehr unterschiedliche Beweggründe haben. In unseren Breiten werden Esel fast ausschließlich von Individualisten gehalten, die ihre Freizeit mit den Tieren gestalten möchten. Unter diesen Voraussetzungen dürfte man eigentlich erwarten, dass der Mensch sich bemüht, auf die natürlichen Bedürfnisse des Esels einzugehen um sie bestmöglich zu befriedigen. Leider wird diese Forderung häufig nicht erfüllt und noch immer sind zahlreiche Esel Opfer falscher Haltung. Dies geschieht meist nicht einmal aus bösem Willen, sondern schlicht aus Unkenntnis. Einen wesentlichen Anteil an der missverstandenen Eselhaltung steuern sicherlich die bekannten Szenarien aus armen Ländern bei, wo die Esel gleichermaßen wie deren Besitzer am Rande der Existenz leben müssen. Eine Eselhaltung und -nutzung auf dieser Basis kann jedoch für unsere Verhältnisse kein Maßstab sein und noch viel weniger eine Entschuldigung für vernachlässigte oder überforderte Tiere. Esel zu halten bedeutet Verantwortung zu übernehmen und erfordert weit mehr als nur das Interesse an einem Haustier und der Vorliebe für den Esel.

Esel sind keine Kuscheltiere

Ein Esel ist schnell gekauft und verglichen mit einem Pony ist er meistens auch recht preisgünstig. Der eigentliche, oft unterschätzte Aufwand beginnt erst bei dessen Unterhalt und Betreuung.

Was ist also vor der Anschaffung zu bedenken?

- Es braucht Kenntnisse über die Eigenart und die Bedürfnisse der Esel.

▲ Die Pflege und Gesellschaft eines Esels wirkt sich positiv auf den Menschen aus und bietet dem Betreuer viel Freude und Entspannung vom Alltagsstress.

- Die Esel benötigen einen Stall, Futter und eine Weide mit Witterungsschutz.
- Tierarzt und Hufpfleger kosten regelmäßig Geld – selbst wenn die Tiere gesund sind.
- Eine tierärztliche Behandlung von Krankheit oder Unfall kann teuer zu stehen kommen.
- Für Fütterung, Stallreinigung und Eselpflege muss täglich Zeit aufgewendet werden.

Esel müssen täglich kontrolliert werden. Es ist nicht sachgerecht, die Tiere ausschließlich sich selbst zu überlassen. Sie werden nicht selten bis zu 40 Jahre alt – angehende Halter sollten sich über diese Zeitspannen im Klaren sein.

- Bei Urlaub und Krankheit muss eine sachkundige Vertretung zur Stelle sein.
- Die Haltung alter und kranker Tiere gestaltet sich aufwendig und zeitintensiv.
- Die Verantwortung für die Esel muss jahrelang jeden Tag getragen werden.

Und dem nicht genug – denn es braucht noch mehr als bloß für das leibliche Wohl des Esels zu sorgen. Damit eine Behandlung vom Tierarzt oder Hufschmied für den Esel nicht zum Albtraum wird, ist es die Pflicht eines jeden Eselhalters, ein solides Vertrauensverhältnis zwischen Mensch und Tier zu schaffen. Folglich gehören auch soziale und erzieherische Maßnahmen zu einer artgerechten Eselhaltung:

- Jeder Esel braucht Sozialkontakt zu Artgenossen und zu Menschen.
- Esel müssen mit den nötigen Umgangsformen, die zu deren Pflege notwendig sind, vertraut sein.

Rechtliches

Die Eselhaltung wird beschränkt durch verschiedene rechtliche Vorschriften. Als Erstes aber sollte man sich natürlich bei seinen Nachbarn erkundigen, ob irgendwelche Einwände ihrerseits bestehen. Wer einen Eselstall neu errichten oder in ein bestehendes Gebäude einbauen will, muss sich vorher genauestens beim örtlichen Baurechtsamt über die geltenden Bestimmungen des Baugesetzbuches und der Baunutzungsverordnung erkundigen. Zusätzlich schreibt die Landesbauordnung vor, dass die Errichtung und der Abbruch von Bauten einer Genehmigung bedürfen und zu guter Letzt erlässt das Nachbarrecht Vorschriften über Entfernungen von Gründstückgrenzen, die beim Anlegen von Ställen und Düngerstätten eingehalten werden müssen.

Im Weiteren bilden Auszüge aus dem Tierschutzgesetz (TierSchG) ebenfalls eine Rechtsgrundlage für Forderungen:

§1 Grundsatz
Das Gesetz dient dem Schutz des Lebens und des Wohlbefindens der Tiere. Niemand darf einem Tier ohne vernünftigen Grund Schmerzen, Leiden oder Schäden zufügen.

§2 Tierhaltung
Der Tierbesitzer hat dafür zu sorgen, dass das Tier seiner Art und seinen Bedürfnissen entsprechend angemessen ernährt, gepflegt und untergebracht wird und sich artgemäß bewegen kann. Außerdem muss er über die notwendige Sachkenntnis zur Haltung des Tieres verfügen.

§3 Verbote
Es ist verboten, einem Tier außer in Notfällen Leistungen abzuverlangen, denen es nicht gewachsen ist oder die seine Kräfte übersteigen; einem Tier bei der Ausbildung Schmerzen, Leiden oder Schäden zuzufügen sowie einem Tier Futter anzubieten, das zu Schmerzen, Leiden oder Schäden führt.

Um unliebsamen Überraschungen vorzubeugen, muss die rechtliche Situation im Vorab seriös geklärt werden.

Herkunft und Nutzung der Esel

Die meisten Menschen verknüpfen mit dem Begriff „Esel" das Bild eines schwer beladenen Grautieres in sonnendurchfluteter Landschaft. Dieses Szenario gibt tatsächlich den Ursprung des Eseldaseins wieder und spielt sich in südlichen Ländern bis in die Gegenwart in fast unveränderter Form ab.

Schlecht behandelt und reduziert auf seine Arbeitskraft, bleiben viele Qualitäten der Esel unerkannt. Als ob sie es nicht schon schwer genug hätten, müssen sie nun auch noch die Last der Missverständnisse tragen.

Abstammung

Die Vorfahren unserer Hausesel gehören der Gattung der Pferde an. Diese umfasst sechs Arten:

- Pferd (*Equus caballus*)
- Esel (*Equus asinus*)
- Halbesel (*Equus hemionus*)
- Steppenzebra (*Equus quagga*)
- Bergzebra (*Equus zebra*)
- Grevy-Zebra (*Equus grevyi*)

Unter der Bezeichnung Esel (*Equus asinus*) ist genau genommen der afrikanische Wildesel gemeint. Von diesem existieren wiederum drei Unterarten: Der Atlas-Wildesel, der Somali-Wildesel und der Nubische Wildesel, der für den Stammvater unserer Hausesel gehalten wird. Der Nubische Wildesel und der Atlas-Wildesel sind seit Jahrzehnten ausgestorben. Von den Somali-Wildeseln existieren noch wenige Tiere in den Wüsten Nordafrikas, wo sie aber am Rande der Ausrottung stehen. Ihre Erhaltung ist nur noch durch die Zoos gewährleistet, in deren Obhut heute etwa 130 Tiere leben.

Geschichte

Der Esel ist eines der ältesten Haustiere überhaupt. Seine Domestikation wird im alten Ägypten vermutet. Nubische Schafhirten sollen am Anfang des 4. Jahrtausends v. Chr. aus materieller Not zuerst nur sein Fleisch, seine Milch und das Leder genutzt haben. Schließlich wurde der Esel auch zum universellen Zugtier und Lastenträger. Im römischen Reich wurden die Esel ebenfalls als Arbeitstiere eingesetzt. Unbeirrbar im Kreise gehend sorgten sie dafür, dass sich Mühlsteine und Wasserschöpfräder drehten.

Das Dasein der Esel war stets von Legenden und Aberglauben begleitet. Seiner Zeugungskraft wegen galt er in der griechischen Mythologie als Fruchtbarkeitssymbol. Sein Fleisch wurde später praktisch nie mehr verzehrt, teilweise aufgrund religiöser Verbote, und in anderen Kulturen wiederum, weil es schlichtweg verpönt war. Seine Milch hingegen wurde stets als Heilmittel oder als Kosmetikartikel geschätzt. Auch in der biblischen Geschichte und im Koran nimmt der Esel eine bedeutende Stellung ein. Kurzum – der Esel ist lebendes Kulturgut und aus dem Bild der Vergangenheit nicht wegzudenken.

Gegenwart

In Asien und Afrika wird die Ausdauer und Genügsamkeit des Esels heute noch schonungslos in Anspruch genommen. Arbeitsesel in armen Ländern führen ein klägliches Dasein, geprägt von Hieben, permanenter Überbelastung und minimaler Ernährung. Offene Wunden durch schlecht verpasstes Geschirr sind an der Tagesordnung. Erschöpft, ausgemergelt und krank verrichten die Esel trotz allem tagtäglich ihre Arbeit – nicht selten bis zum Umfallen.

In Mitteleuropa hat der Esel mit der Intensivierung der Landwirtschaft an Bedeutung verloren und ist längst von Autos und Traktoren verdrängt worden. Nur noch in den ärmsten Ländern werden die Tiere in den täglichen Arbeitsablauf integriert. Einerseits bedeutet dieser Umstand für den Esel eine Entlastung, andererseits geht aber auch viel Tradition und Wissen über ihn verloren. Erst in jüngster Zeit haben sich mit dem wachsenden Kreis der Eselliebaber wieder neue und vielfältige Aufgaben für die Tiere entwickelt. Gewerblich werden Esel heute für Warentransporte in unwegsamem Gelände, im Tourismus, in der Land- und Forstwirtschaft, im Rebbau sowie in der Schäferei eingesetzt. Zunehmend leisten Esel auch im therapeutischen Bereich wertvolle Dienste.

Wesen und Verhalten

Stur nennt ihn der Volksmund, doch welche Eigenschaften besitzt der Esel in Wirklichkeit und durch welche Einflüsse wurde sein Wesen im Laufe der Jahrhunderte geprägt?

Charakter

Hausesel tragen das Charaktergut ihrer wilden Vorfahren unverfälscht in sich. Nicht scheuen sondern schauen, heißt deren Überlebensdevise. Die ursprünglichen Lebensräume in der Wüste machen den Tieren bei Gefahr eine panische Flucht unmöglich. Zusätzlich fehlte ihnen der Schutz einer großen Herde, weil sie sich auf der Nahrungssuche weit zerstreuten. Die Esel mussten lernen, Situationen in Eigenverantwortung erst zu prüfen, um mögliche Schäden zu vermeiden. Hauptsächlich diese einst überlebenswichtige Maßnahme hat ihnen das Prädikat „störrisch" verliehen.

▼ Eine Stutenfamilie mit ihren Nachkommen hat sich zur gemeinsamen Ruhepause eingefunden.

▲ Beim Spiel der Junghengste wird das gesamte Kampf-Repertoire trainiert. Dabei geht es oft schon sehr ruppig zu und her.

Esel sind sehr vorsichtig und würden nie Wege beschreiten, die sie für gefährlich halten. Wenn ein Esel dem Menschen aber vertraut, lässt er sich mit einem bisschen Geduld auch durch vermeintlich riskante Passagen führen. Doch wird er gedrängt, gezogen oder gar geprügelt, so fühlt er sich in seiner Einschätzung bestätigt und ließe sich in der Folge eher erschlagen als blindlings zu gehorchen. Wer sich diesen Charaktereigenschaften bewusst ist und sie zu respektieren weiß, wird im Esel einen besonnenen, zuverlässigen Freund und Begleiter finden. Esel verfügen auch über einen ausgesprochenen Sinn für Humor. Mit ihrer Neugierde und Intelligenz können sie ihr Umfeld ganz schön auf Trab halten.

Die Einzelhaltung von Eseln ist grundsätzlich abzulehnen! Der Mensch oder ein artfremdes Tier können dem Esel einen Artgenossen niemals ersetzen.

Sozialverhalten

Esel sind ausgesprochene Gruppentiere. In Freiheit leben sie mit ihren Artgenossen zusammen in sogenannten Mutterfamilien. Eine solche Familie besteht in der Regel aus Stuten mit ihren, meist weiblichen, Nachkommen. Junge Hengste bilden separate

Cliquen, während sich die erwachsenen Hengste auf Distanz halten. Aus mehreren Gruppen entsteht schließlich eine Herde, deren Größe vom Ausmaß des Lebensraumes und dem jeweiligen Nahrungs- und Wasserangebot abhängig ist. Der Eindruck einer Herde wird zusätzlich verstärkt, weil die Esel Aktivitäten wie Grasen, Ruhen oder Zur-Tränke-Wandern meistens gemeinsam ausführen. Auch Körperpflege, Wälzen, Harnen und Kotabsatz wirken unter den Eseln „ansteckend" und fördern so gleichermaßen den Zusammenhalt in der Gemeinschaft.

Eine Rangordnung unter den Tieren ist nur schwer zu erkennen, einzig die Hengste führen Rangkämpfe durch. Werden die Stuten paarungsbereit, bricht unter ihnen sogar offene Rivalität aus. Es kommt zu heftigen gegenseitigen Angriffen, die nicht selten in blutigen Auseinandersetzungen enden. Ansonsten ist das Familienleben der Esel von großer Toleranz geprägt. Kontakte zwischen den einzelnen Gruppen sind friedlich und meistens ohne Aggression.

Als Haustiere gehalten vertragen sich Stuten mit Wallachen ebenso gut wie Stuten oder Wallache unter sich. Dabei ist es eher eine Frage der generellen Sympathie, ob die Partnerschaft funktioniert. Hengste müssen, den ureigenen Instinkten folgend, stets ihre Sinne und Kräfte trainieren. Hierzu benutzen sie jeden Partner – ob Artgenosse, Mensch oder ein anderes Tier. Häufig überleben gerade Kleintiere die rauen „Spiele" der Hengste nicht. In diesem Zusammenhang von Verhaltensstörungen zu sprechen, wäre falsch. Die Haltung von Hengsten gestaltet sich deshalb als außerordentlich schwierig, denn auch sie brauchen einen Partner. Reine Hengstgruppen können erfahrungsgemäß nicht gehalten werden. Eine Gemein-

◀ Das Flehmen wird häufig bei männlichen Tieren in Gegenwart rossiger Stuten beobachtet.

schaft aus Hengst und Stute bedeutet jedes Jahr ein Fohlen für die Eselin oder während der monatlichen Rosse nervenaufreibendes Trennen der beiden. Der beste Partner für einen Hengst wäre ein Wallach, doch in Anwesenheit einer Stute entstünden trotzdem Rivalitäten.

Die Haltung eines Hengstes ist nur dann gerechtfertigt, wenn er zur Zucht verwendet und fachmännisch betreut wird.

Sinne

Mit seinen Sinnen nimmt der Esel die direkte Umwelt wahr und wertet alle empfangenen Reize aus, um anschließend durch angeborenes oder erworbenes Verhalten darauf zu reagieren. Die Sinne lassen sich in fünf Bereiche gliedern: Hören – Sehen – Riechen – Schmecken – Fühlen.

Hören. Der Esel besitzt ein weitaus empfindlicheres Gehör als der Mensch. Er empfängt auch Töne in sehr hohem Frequenzbereich. Seine beiden Ohrmuscheln kann er unabhängig voneinander um 180 Grad drehen. Dadurch erfasst er sämtliche Geräusche um ihn herum. Hält der Esel eine Geräuschquelle für beachtenswert, so richtet er zuerst nur seine Ohren danach aus und wendet ihr dann anschließend den Kopf zu.

Sehen. Das Sehvermögen des Esels ist andersartig als das des Menschen. Der Esel sieht nicht sehr scharf, dafür aber nimmt er kleinste Bewegungen in einem sehr großen Umkreis wahr. Durch die seitlich am Kopf liegenden Augen erreicht er eine Rundumsicht von nahezu 355 Grad, was für ihn als Beutetier überlebenswichtig ist. Dafür aber empfängt er nur in einem kleinen Bereich, nämlich dort wo sich die Sichtfelder beider Augen überschneiden, ein scharfes und räumliches Bild. Unmittelbar vor, hinter, unter und über ihm hat sein Blickfeld einen toten Winkel. Dort kann er bei normaler Kopfhaltung gar nichts sehen. In der Dämmerung ist das Sehvermögen des Esels im Vergleich zum Menschen viel besser, doch die Anpassungszeit von hell zu dunkel und umgekehrt dauert länger.

Riechen. Der Geruchssinn des Esels ist ebenfalls sehr stark ausgeprägt. Er wird bei der Beurteilung von Nahrung sowie zur Kontaktaufnahme und Kommunikation mit anderen Lebewesen eingesetzt. Mit dem sogenannten Jacobson'schen Organ kann der Esel zusätzlich Sexuallockstoffe erkennen. Dabei schürzt er seine Oberlippe und reckt den Kopf in die Höhe. Dieses Verhalten nennt man Flehmen.

Schmecken. Der Geschmackssinn des Esels ist eng mit seinem Geruchssinn verbunden. Gelangt beim Fressen etwas Ungenießbares in sein Maul, so schüttelt er den Kopf und „spuckt" es wieder aus. Esel sind sehr misstrauisch, was unbekanntes Futter anbetrifft. Die Verabreichung von Medikamenten gestaltet sich deshalb als recht schwierig und man muss manchmal tief in die Trickkiste greifen, um einen Patienten zu überlisten.

Fühlen. Das Fühlen oder der Tastsinn des Esels erstreckt sich über seinen ganzen Körper. Der Esel fühlt passiv alle Einflüsse wie Wärme, Kälte, Berührungen und Schmerz auf der Körperoberfläche. Ein aktives Tastorgan hingegen sind seine beweglichen Lippen, die ihm erlauben, Gegenstände und Nahrung genau zu erfühlen und ungeeignetes Futter auszusortieren. Tasthaare befinden sich um Maul und Nüstern sowie im Augenbereich. Aktives Betasten kann auch durch die Hufe erfolgen, mit denen der Esel die Bodenbeschaffenheit prüft.

Kommunikation

Esel kommunizieren untereinander hauptsächlich durch Körpersprache, Mimik und Lautäußerungen, aber auch Urin und Kot enthalten Mitteilungen. Sie nehmen jede auch noch so kleine Regung eines Artgenossen wahr. Gibt es zwischen zwei Eseln Unstimmigkeiten, wird getreten, gebissen, gejagt oder in Angriffshaltung auf den Gegner zugerannt. In der Regel aber lösen die Esel Konflikte eher diskret, indem sie ihren Kopf schwingen, einen Biss androhen oder einen Tritt andeuten. Oft schon reichen sogar böse Blicke, angelegte Ohren, gehässiges Schwanzschlagen oder Kneifen, um einen Standpunkt

▼ Esel besitzen eine ausdrucksstarke Mimik. Die Ohren geben zwar das auffälligste Stimmungsbarometer ab, aber Ausdruck von Augen, Maul und Kopfhaltung sind nicht weniger bedeutsam.

▶ Der unverkennbare Schrei des Esels drückt immer einen Erregungszustand aus.

mit Nachdruck zu vertreten. Das gegenseitige Aufreiten ist nicht nur ein Akt der Paarung, sondern auch ein typisches Dominanzgebaren. Zuneigung zeigen die Esel, indem sie die Nähe eines Artgenossen aufsuchen, Köpfe aneinander reiben oder den Kopf beim Partner auflegen. Eine besondere Sympathiebekundung ist die gegenseitige Fellpflege durch Lecken und Beknabbern.

Ein unüberhörbares Kommunikationsmittel des Esels ist natürlich sein markanter „I-AH"-Schrei. Die große Lautstärke kann als Anpassung an die unübersichtlichen und weiten Lebensräume verstanden werden und hat hierzulande schon manchem Halter eine Klage wegen Ruhestörung eingebracht. Männliche und weibliche Tiere rufen gleichermaßen zur Begrüssung, aus Paarungswille, Hunger oder Protest. Doch der Esel kann sich auch weniger stimmgewaltig äußern. Er jammert ungeduldig, wenn er warten muss, oder faucht bedrohlich, wenn er sich verteidigt. Mysteriöse Gegenstände schnarcht er an, bei Entspannung schnaubt er und zwecks Reinigung der Nase pustet er tüchtig durch seine Nüstern.

Die verschiedenen Eseltypen

Obwohl der Esel zu den früh domestizierten Tieren zählt, wurde er vom Klassifizierungs- und Kontrollbedürfnis des Menschen kaum je erfasst. Die Welt der Esel weist heute eine riesige Palette an Typen auf, die unterschiedlicher kaum sein könnten.

Eselspezies auf einen Blick

Trotzdem stellt sich noch immer die Frage nach der Rassezugehörigkeit eines Esels. Die planmäßige Eselzucht wird und wurde eher selten betrieben, doch eine Einteilung in Gruppen lässt sich vornehmen: s. Tabelle rechts.

99 % aller Esel gehören keiner Rasse an. Wenn sich Esel aus bestimmten Gegenden ähnlich sehen, dann nur, weil sie sich aus einer territorial bedingten Isolation entwickelt haben. Bestände systematisch gezüchteter Rassen sind selten. Man fand sie früher vorwiegend auf Pferdegestüten, wo man sich in der Zucht auskannte und die Esel zur Maultierproduktion benötigte. Es wurden Zuchtbücher geführt und man hielt sich an die geltenden Rassenstandards. Durch die Mechanisierung machte sich dann ein Desinteresse in der Eselzucht breit. Das Resultat war, dass viele der reinblütigen Rassen fast oder ganz ausstarben. Nur Dank des Engagements von Interessengemeinschaften konnte der Fortbestand zahlreicher Rassen in letzter Minute gesichert werden.

Die gezielte Zucht hat heute wieder an Bedeutung gewonnen und Zoos sowie Tierparks leisten einen wertvollen Beitrag zur Erhaltung alter Eselrassen. Die schmal gewordene Zuchtbasis bereitet den Züchtern allerdings Sorgen, da sie oft zu Erbkrankheiten führt. Jeder Rassenesel ist in einem offiziellen Stutbuch eingetragen und besitzt einen Abstammungsschein, der beim Verkauf immer an den Käufer übergeht.

Die Herkunft unserer „gewöhnlichen" Hausesel ist vielfältig. Ihre Vorfahren waren zu einem großen Teil zur Schlachtung bestimmt, da man sie in ihren Heimatländern nicht mehr benötigte. In den letzten Jahrzehnten erlebte der Esel als Hobbytier ein Comeback und geschäftige Händler witterten lukrative Verdienstmöglichkeiten. Sie füllten die Schlachtpferdetransporter in den Süden auf dem Rückweg mit Eseln, um sie zu verkaufen. Hinzu kamen Eselimporte aus Irland, England oder aus dem Osten. Aus diesen mannigfaltigen Einflüssen haben sich wiederum zahlreiche verschiedene Eseltypen und Farbvarianten entwickelt. Um einen Überblick zu schaffen, hat man schlussendlich alle Esel einheitlich als „Hausesel" bezeichnet und sie nach ihrer Widerristhöhe in folgende Gruppen eingeteilt:

Zwergesel	bis 105 cm
Normalesel	bis 130 cm
Großesel	ab 131 cm

Esel ist nicht gleich Esel

Hausesel	Umfasst die Gesamtheit aller Esel, die nicht einer anderen Spezies angehören.
Rassenesel	Bezeichnet alle reinblütig nach Rassenstandard gezüchteten Esel mit Abstammungsschein und offiziellem Stutbucheintrag.
Wildesel	Sind die wildlebenden Vorfahren unserer Hausesel.
Halbesel	Werden auch Asiatische Wildesel genannt und sind eine eigenständige Art der Gattung *Equus*.
Verwilderte Hausesel	Sind Nachkommen entlaufener oder absichtlich ausgesetzter Esel.
Maultiere	Sind Kreuzungen zwischen Eselhengst und Pferdestute.
Maulesel	Sind Kreuzungen zwischen Pferdehengst und Eselstute.

Reinrassige Esel sind selten. Die meisten von ihnen werden in Zoos oder Tierparks gehalten und einige stehen im Besitz besonders engagierter Züchter.

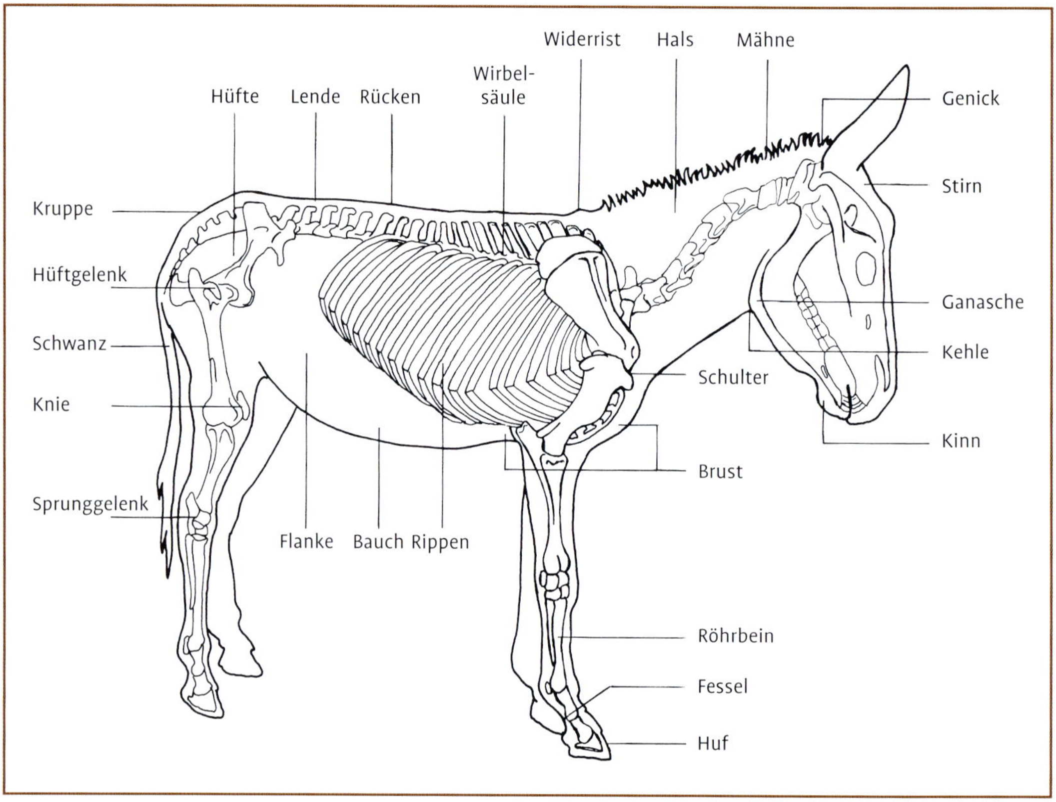

▲ Die wichtigsten Körperteile des Esels.

Der Körperbau

Bei Wildtieren herrscht eine harte Selektion, damit sich nur zähe und gesunde Individuen fortpflanzen können, hingegen sind unter menschlicher Betreuung nahezu alle Esel überlebens- und zeugungsfähig. Durch planlose Zucht mit ungeeigneten Tieren weisen heute viele Esel Mängel in ihrem Körperbau auf. Für Zuchtesel sollten daher strenge Maßstäbe gelten, damit aus den nächsten Generationen leistungsfähige Tiere hervorgehen.

> Der Wunsch nach einem harmonisch gebauten Esel beruht nicht auf Eitelkeit, sondern ist ein gewisser Garant für Gesundheit.

Um die Merkmale eines gesunden und harmonisch gebauten Esels zu beurteilen, bedient man sich eines sogenannten Standards. Fachkreise stellen solche Standards, die auf sämtliche Eselgrößen und Eseltypen anwendbar sind, zur Verfügung. Laien wie auch Experten haben damit ein Instrument, um die Qualitätsmerkmale für die Zucht oder den Kauf eines Tieres zu erkennen, denn wie ein Esel gebaut ist, verrät einiges über seine Nutzungseigenschaften und gibt Hinweise auf mögliche Gesundheitsprobleme.

Oberstes Kriterium bei der Exterieurbeurteilung ist die Gesamterscheinung: Wirkt der Esel harmonisch? Passt der Kopf zum Körper und die Vorhand zur Hinterhand; passen die Beine zum Rumpf? Ein unharmonisch gebauter Esel hat zum Beispiel zierliche Beine und kleine Hufe, einen tonnigen Körper, einen dürren Hals und einen klobigen Kopf. Die allgemein gültigen Merkmale eines korrekten Esels lassen sich wie folgt beschreiben:

- Der Kopf darf im Verhältnis zum Körper nicht zu groß und schwer wirken.
- Das Gebiss darf keine Anomalien aufweisen.
- Die Augen sollen klar, groß und ausdrucksstark sein.
- Die Ohren dürfen nicht hängen oder einen Knick aufweisen.
- Die Backen (Ganaschen) dürfen die Kehle nicht einengen.
- Der Hals soll eine gerade Ober- und Unterlinie aufweisen und zum Kopf hin verjüngt sein.
- Der Hals soll eher lang, und harmonisch mit Kopf und Rumpf verbunden sein.
- Die Brust soll weit und tief sein, um genügend Platz für innere Organe zu bieten.
- Die Schulter sollte möglichst schräg und gut abgesetzt sein.
- Der Rücken soll gerade und eher kurz sein.
- Rücken und Kruppe sollen ohne Knick in der Lendenpartie verbunden sein.
- Der höchste Punkt der Kruppe darf nicht höher liegen als der Widerrist (überbaut).
- Die Kruppe soll lang, und von hinten betrachtet oval und nicht dreieckig sein.
- Die Gliedmaßen müssen von vorne und von der Seite her betrachtet gerade unter dem Körper stehen.
- Fesseln dürfen nicht zu lang sein.
- Die Hufgröße muss zum Tier passen und besser zu groß als zu klein sein.
- Die Hufe sollen regelmäßig geformt sein und eine glatte Oberfläche aufweisen.
- Eine leichte „kuhhessige“ Stellung der Hinterbeine ist arttypisch und verleiht den Tieren eine hohe Trittsicherheit.

Bedeutende Fehler im Körperbau und deren Folgen	
Schwerer Kopf, kurzer Hals	Probleme mit dem Gleichgewicht
Fehler in der Zahnstellung	Erschwernisse beim Fressen, Verdauungsstörungen, hohe Tierarztkosten
Eng in der Ganasche	Eingeschränkte Beweglichkeit des Kopfes, Quetschung der Ohrspeicheldrüse
Senkrücken, Karpfenrücken, langer Rücken	Je nach Schweregrad teilweiser oder ganzer Nutzungsausschluss
Fehlstellung der Gliedmaßen	Nutzungseinschränkung, ungleichmäßige Abnutzung der Hufe und Gelenke, Arthrose
Schmale Brust	Kleines Lungenvolumen, enge Beinstellung mit schlechtem Gleichgewicht, Streifen der Beine beim Gehen
Kurze Kruppe	Fehlende Schubkraft in der Hinterhand
Weiche, lange Fesseln	Überdehnung der Sehnen, Durchtrittigkeit

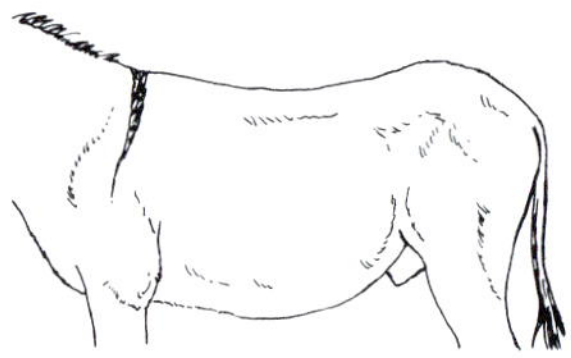

Normaler Rücken
lange, leicht abfallende Kruppe

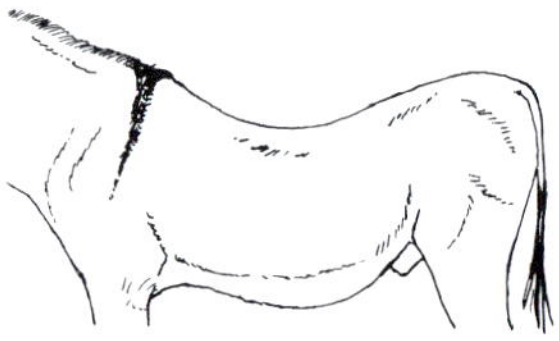

Senkrücken
Kurze, gerade Kruppe

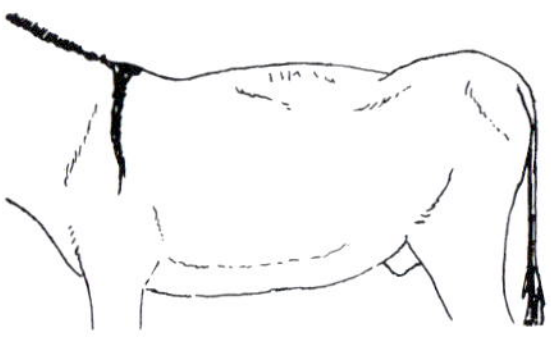

Karpfenrücken
Kurze, abfallende Kruppe

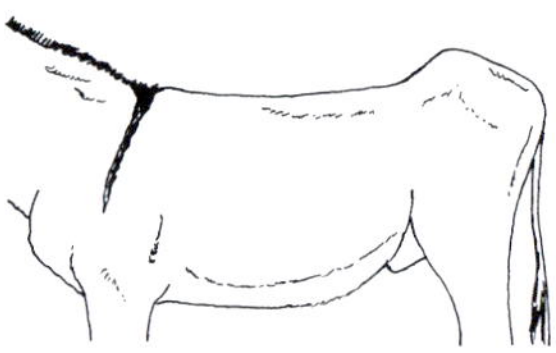

Knick in der Lendenpartie
Kruppe liegt höher als der Widerrist (überbaut)

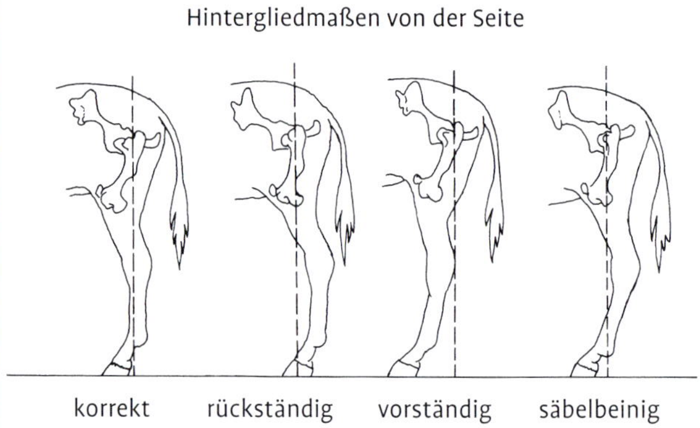

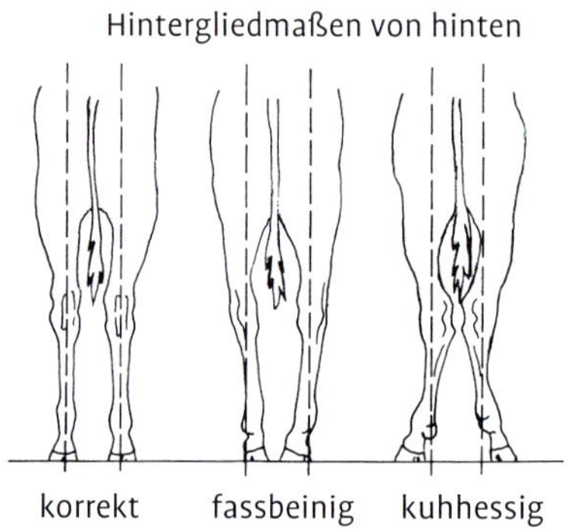

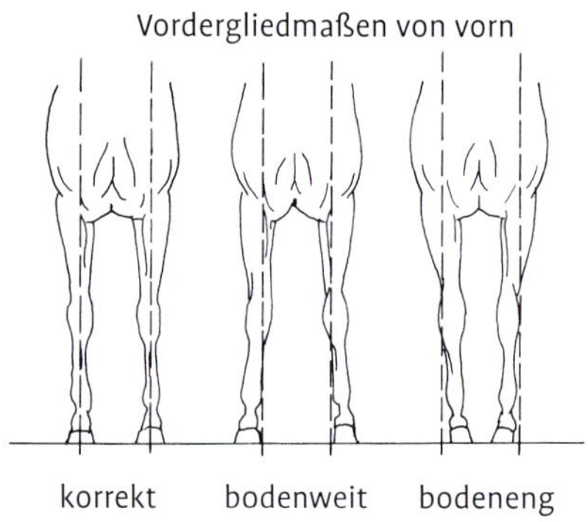

▲ Ein kritischer Blick auf die Rückenform des Esels ist vor allem dann wichtig, wenn man späteren Nutzungseinschränkungen vorsehen will.

▲ Die Darstellung zeigt nur einen Teil von möglichen Fehlstellungen der Gliedmaßen. Häufig liegen auch Kombinationen vor, wie zum Beispiel eine bodenenge Stellung und zehenweite Hufe (Hufspitzen zeigen nach außen).

Die Exterieurbeurteilung des Esels, siehe Tabelle Seite 17 und Zeichnung Seite 18, dient allein der Selektion leistungsfähiger und gesunder Tiere.

Ausführliche Standards sind viel detaillierter und auch von Land zu Land leicht unterschiedlich. Sie werden an Veranstaltungen von autorisierten Personen benutzt, um die Zucht- und Nutzungstauglichkeit der vorgestellten Esel zu beurteilen.

Das Fell

Das Haarkleid der Esel ist ausgesprochen vielgestaltig. Grau und braun in Nuancen dominieren bei den Fellfarben. Doch auch schwarze, scheckige oder weiße Esel sind häufig. Selten sind Albinoesel, die ihr weißes Fell aufgrund eines erblichen Pigmentmangels haben. Sie sind, wie bei anderen Tiergattungen auch, meist kränklich und unerwünscht. Man erkennt Albinismus an rötlichen oder blauen Augen und unpigmentierter heller Haut.

Der Aalstrich und das Schulterkreuz gelten als die klassische Fellzeichnung von Eseln und haben schon viel Stoff für Legenden geliefert. Auch das mehlfarbene Maul, die weißen Augenringe und die helle Bauchunterseite sind typisch. Doch ebenso wenig wie alle Esel grau sind, tragen sie diese Abzeichen. Manche Eselbeine weisen eine auffällige Streifung auf – ein Überbleibsel der Wildfärbung. Bei Importeseln sieht man häufig weiße Ringe oder weiße Flecken an Hals, Rücken oder um die Fesseln. Dabei handelt es sich um sogenannte erworbene Abzeichen. Sie sind das Resultat schwerer Verwundungen, oft verursacht durch Anbindstricke oder schlecht verpasstes Sattelzeug.

In der kalten Jahreszeit legen sich alle Esel einen dicken Pelz zu, dessen Haar bis zu zehn Zentimeter lang ist. Im Verlaufe des Frühjahrs verliert der Esel sein Winterfell, allerdings nur sehr zögerlich. Für kurze Zeit präsentiert er sich dann in seinem feinen, kurzhaarigen Sommerfell, das meist auch eine Spur dunkler ausfällt. Das Eselfell ist nur bedingt wasserdicht. Saugt es sich bei Dauerregen voll, wird es kaum mehr trocken und der Esel erkältet sich leicht. Schwachen Regen verträgt er ohne Weiteres, trotzdem wird er sich aber instinktiv lieber ins Trockene begeben.

Das Eselfell ist nicht für Dauerregen eingerichtet. Wenn ein Esel völlig durchnässt wird, kann er Schaden nehmen.

Die Mähne der Esel kann stehen oder auch zur Seite hängen, sie wächst aber niemals so üppig wie beim Pferd. Auch sein Schwanz mit der lang behaarten Quaste ist eher spärlich.

Die Gangarten

Esel bewegen sich normalerweise in den drei Grundgangarten Schritt, Trab und Galopp fort. Der Passgang, bei dem das linke Vorder- und Hinterbein gleichzeitig vorgehen, kommt bei

▲ Die Palette der Eselfarben ist bunt gemischt.

Eseln auch vor. Im Unterschied zum gewöhnlichen Viertakt-Schritt ist der Passgang ein Zweitakt wie auch der Trab. Der Galopp ist eine Bewegung im Dreitakt und die schnellste Gangart. Esel legen kein atemberaubendes Tempo an den Tag, obwohl sie – wenn nötig – durchaus dazu in der Lage sind. Wildesel schaffen auf der Flucht bis zu 70 km / h. Die normale Durchschnittsgeschwindigkeit eines mittelgroßen Esels beträgt im Schritt 4 bis 6 km / h, im Trab 7 bis 12 km / h und im Galopp 13 bis 25 km / h.

Wie kauft man einen Esel?

Ist nach gründlichen Überlegungen die Anschaffung von Eseln beschlossen, kann die Suche nach geeigneten Tieren losgehen.

Die Auswahl

In Anbetracht der vielen Eseltypen wird schnell klar, dass Esel nicht gleich Esel ist. Man sollte sich vorgängig Gedanken machen, wonach man in etwa sucht. Ausschlaggebend sind Größe, Geschlecht, Farbe, Alter und Ausbildungsstand.

Bevor man sich für einen Esel entscheidet, sollte man sich über die eigenen Absichten im Klaren sein.

Hier ein paar Denkanstöße:

- Große Esel brauchen viel Platz und mehr Futter als kleine Esel.
- Große Esel sind stärker als kleine – aber nicht nur beim Arbeiten!

- Kinder entwachsen einem kleinen Esel schnell und verlieren dann das Interesse.
- Ältere Personen und Kinder fühlen sich sicherer im Umgang mit kleinen Eseln.
- Junge Esel sind ungestüm und erfordern viel Sachkenntnis über Erziehung.
- Die Endgröße eines Jungtieres ist schwer abschätzbar.
- Ältere Esel sind angenehm abgeklärt und kennen die „Umgangsformen“ mit dem Menschen – die positiven wie auch die negativen.
- Stuten sind während der Rosse manchmal ein bisschen launisch und zickig.
- Wallache sind in der Regel temperamentvoller, aktiver und verspielter als Stuten.
- Hengste können ungestüm und wehrhaft sein, und Mensch und Tier in Gefahr bringen.
- Soll ein Esel zum Reiten taugen, ist ein perfekter Körperbau ein absolutes Muss.
- Zum Anspannen und Fahren sollten die Esel etwa gleich groß sein.
- Die Zusammenstellung der Partner spielt ebenfalls eine Rolle. Normalerweise leben die sozialen Esel zwar ohne Probleme in einer Gemeinschaft. Mit Vorsicht zu genießen ist nur die Haltung mehrerer Wallache mit Stuten, denn eine rossige Stute kann selbst unter Wallachen teilweise heftige „Männer-Rivalitäten“ provozieren.
- Ein Esel darf frühestens mit vier Jahren Gewicht tragen.
- Ein Esel darf frühestens mit drei Jahren eine Kutsche ziehen.

Die Haltung von Eseln gleicher Größe gestaltet sich grundsätzlich als einfacher, da Futtermenge, Fressdauer, Gehgeschwindigkeit und Krafteinsatz beim Raufen besser übereinstimmen.

Der Laie täte auf jeden Fall gut daran, sich im vorab möglichst viele Eselhaltungen anzusehen. Erfahrene Halter können oftmals aus ihren eigenen Anfängen erzählen und dabei Sachverhalte schildern, an die man gar nie gedacht hätte.

Wer verkauft Esel?

Vereine und Organisationen. Jeder Eselverein betreibt eine Vermittlungsstelle für Esel. Da in den Vereinen das Wohl der Tiere über dem Profitgedanken steht, bewegt sich der potenzielle Käufer eher auf der sicheren Seite. Eine Garantie für die angebotenen Tiere kann jedoch keine Vermittlung geben, aber eine neutrale Beratung ist dem Interessierten zugesichert. Auch Notesel werden teilweise durch Vereine vermittelt. Solche Esel leben vorübergehend bei Privatpersonen oder in Auffangstationen und suchen aus unterschiedlichen Gründen dringend einen neuen Platz.

Zeitungsinserate. In landwirtschaftlichen Zeitungen oder Pferdezeitschriften werden manchmal auch Esel inseriert. Meistens sind es Händler, die von dieser Möglichkeit Gebrauch machen. Eine eigene Suchanzeige führt ab und zu auch zum Erfolg, vor allem können dabei Wünsche formuliert und die Auswahl schon etwas eingegrenzt werden.

Züchter. Gut beraten ist man beim Kauf eines Esels vom seriösen Züchter. In der Regel sieht man dort auch Elterntiere oder eventuell Geschwister und der Züchter kennt Geburtsdatum, Impf- und Entwurmungstermine. Zoologische Gärten und Tierparks geben ebenfalls zeitweise Tiere aus ihrer Nachzucht ab. Wer sich für einen Rassenesel interessiert, wendet sich an die entsprechenden Eselzuchtverbände.

Händler. Handelsesel sind mit Vorsicht zu genießen. Deren Herkunft und Vergangenheit ist unklar und vielfach sind die Tiere verstört, scheu oder aggressiv. Stuten sind oft tragend und das Alter kann kaum festgestellt werden. Meistens sind diese Esel billig, doch das Nachholen aller Impfungen, die Korrektur der Hufe und die Bekämpfung von Parasiten machen den Preisvorteil schnell zunichte.

Markt. Auf Vieh- und Pferdemärkten stehen ab und zu auch Esel zum Verkauf. Dazu braucht es aber viel Erfahrung und Entschlusskraft, weil man vor dem Kauf fast keine Bedenkzeit hat.

Aufgepasst beim Eselkauf – nichts überstürzen! Man sollte nie einen Esel aus Mitleid kaufen, denn der nächste nimmt sogleich seinen Platz ein. Dem Elend der Handelsesel wird so nicht abgeholfen und nur der Händler profitiert.

Jeder Esel hat seinen Preis

	Geschlecht	Richtpreis (Euro)
Zwergesel	Stute	800–1300
	Wallach	500–1000
Normalesel	Stute	1200–1800
	Wallach	900–1300
Großesel	Stute	ab 1800
	Wallach	ab 1500

Was kostet ein Esel?

Der Kaufpreis für einen Esel ist abhängig von Geschlecht, Größe, Alter, Ausbildungsstand und Jahreszeit. Im Herbst ist die Nachfrage gering und somit auch der Preis. Stuten sind generell teurer als Wallache. Hengste sind meistens sehr billig zu haben, wobei Aufwand, Kosten und Risiko einer Kastration nicht unterschätzt werden sollten!

Fohlen (mindestens 10 Monate alt) werden zwischen 350 und 800 Euro gehandelt. Ein Esel mit Abstammungsschein kann bis zu 3000 Euro oder, je nach Rasse und Qualität, sogar noch mehr kosten.

Wer die Anschaffungskosten scheut, sollte generell vom Eselkauf absehen, denn längerfristig werden die Auslagen für Unterhalt den Ankaufspreis in Vergessenheit geraten lassen. Mit der Einstellung: “Wir können nicht viel Geld ausgeben, aber wir bieten dem Esel einen schönen Platz“, geht die Rechnung nicht auf. Natür-

lich lässt sich mit viel Eigenleistung zum Beispiel für Stallarbeit und Futtergewinnung Geld einsparen, jedoch Hufschmied, Tierarzt, unvorhergesehene Krankheiten und Unfälle, Ausrüstungsgegenstände, Stallunterhalt, Mistentsorgung, Zäune, Wasser und Elektrizität sind Auslagen, die sich nicht wegdiskutieren lassen. Die minimalen monatlichen Fixkosten für den Unterhalt von zwei Eseln dürften mit 100 bis 150 Euro zu Buche schlagen.

Das Gesetz gewährt beim Equidenkauf ein befristetes Rücktrittsrecht. Man sollte sich im Voraus über seine Rechte erkundigen und sich mit einem schriftlichen Kaufvertrag absichern.

Der Equidenpass

Die strenge EU-Vorschrift macht eine genaue Identifizierung von Equiden erforderlich. Hierbei hilft der Equidenpass, welcher von der Europäischen Union (EU) ausnahmslos für alle Einhufer (Pferde, Ponys, Esel und Maultiere) seit dem 1.07.2000 vorgeschrieben ist. In diesem Pass werden Alter, Geschlecht, Größe, Farbe, Abzeichen, Brände und Narben (Signalement)

▲ Wer die Wahl hat, hat die Qual. Ein Kauf am Eselmarkt erfordert Fachwissen und Entschlossenheit.

genau beschrieben und in einem Diagramm (Umrisszeichnung) eingetragen.

Eine aktive Kennzeichnung mittels Mikrochip (Transponder) wird dringend angeraten. Wenn Mikrochips verwendet werden, sollten diese der ISO-Norm entsprechen. Der Pass muss immer mitgeführt werden, sobald ein Tier den Bestand verlässt, sonst droht ein Bußgeldverfahren.

Wieviel Zeit beansprucht die Eselhaltung?

Für die Versorgung von zwei Eseln muss pro Tag mindestens eine Stunde Arbeit eingeplant werden. Die dafür erforderliche Präsenzzeit darf man nicht unterschätzen!

Berechnet man ausschließlich die Grundversorgung der Esel, so lässt sich diese Arbeit in ungefähr einer Stunde pro Tag bewältigen. Aber man möchte ja seine Tiere auch putzen, sie beobachten und sich mit ihnen beschäftigen, denn sonst macht die Eselhaltung keinen Sinn.

Auch für die Esel ist eine Betreuung, die über das notwendige Minimum hinausgeht, wesentlich befriedigender.

Die täglich notwendigen Pflichtarbeiten:
- Mindestens 3 × Füttern.
- Wasserversorgung sicherstellen, Tränke reinigen.
- Kot absammeln.
- Nasse Einstreu entfernen und ergänzen.
- Hufe reinigen.

Esel müssen auf Grund ihres Verdauungssystems mindestens dreimal pro Tag Futter bekommen und die Futterzeiten sollten auf etwa eine Stunde genau eingehalten werden. Alle anderen Arbeiten lassen sich individuell nach Möglichkeit verrichten. Je öfter allerdings der Mist abgesammelt werden kann, desto leichter gestaltet sich diese Arbeit. Im Weiteren müssen die Tiere je nach Haltungsform am Morgen auf den Allwetterplatz gebracht und abends wieder aufgestallt werden. Zu Beginn der Weidesaison kommt im Frühjahr der Aufwand zur Angewöhnung an das Gras hinzu. Als „Entschädigung“ fallen dafür nachher eine oder zwei Fütterungen aus, weil sich die Esel auf der Weide selbst verpflegen.

Regelmäßige Arbeiten mit freier Zeiteinteilung:
- Misthaufen stapeln.
- Allwetterplatz und Auslauf unterhalten.
- Vorplätze wischen.
- Esel putzen.
- Knabberholz besorgen.
- Zweimal wöchentlich Kothaufen von der Weide entfernen.
- Beschaffung von Futtermitteln.

Die Eselhaltung rund ums Jahr im Überblick

Frühling	• Bodenproben nehmen • Düngen • Weidepflege • Kontrollieren und Instandsetzen der Zäune • Sukzessives Umstellen der Esel auf Grünfutter • Unterstützung im Fellwechsel mit Zusatzfutter • Unterstützung im Fellwechsel durch intensives Putzen • Eventuell Scheren • Weidegang organisieren
Sommer	• Heuernte oder Heueinkauf • Strohlager füllen • Unkrautbekämpfung auf der Weide • Intensive Pflege der Trinkwasserversorgung auf der Weide • Eventuell Esel mit Fliegenschutz ausstatten • Bei Trockenheit Erdungspfähle der E-Zaunanlage wässern • Reinigungsschnitt der Weide durchführen
Herbst	• Bau- und Reparaturarbeiten an der Stallanlage erledigen • Säuberungsschnitte auf den Weiden verrichten • Nach Bedarf düngen • Reparatur- oder Neusaaten ausbringen • In Weiden mit Obstbäumen Fallobst entfernen • Weidezaun gut kontrollieren, da Gras langsam knapp wird • Vermehrt Knabberäste anbieten • Mist ausbringen oder Mistlager leeren lassen
Winter	• Selbsttränken vor Frost schützen oder abstellen • Bei Minustemperaturen die Trinkwasserversorgung sicherstellen • Weiden nur noch bei gefrorenem Boden öffnen, damit sie nicht vermatschen • Saftfutter anbieten (z. B. Möhren) • Zeit für intensive Lederkontrolle und -pflege

Amerikanischer Mammoth Jackstock

Trotz seiner imposanten Größe hat dieser Esel seine harmonische Statur bewahren können. Sein Standard schreibt nur das Minimalstockmaß vor - nach oben sind keine Grenzen gesetzt. Mit Tieren von über 170 cm Widerristhöhe hat sich der American Mammoth Jackstock zum weltweit größten Esel gemausert. Bei den Fellfarben dominieren Schwarze und Rotschimmel, zugelassen sind aber alle Farben. Der sanfte Riese wird als intelligent, menschenbezogen, ruhig, fügsam und gelehrig beschrieben.
American Mammoth Jackstock ist die einzige anerkannte Eselrasse der USA. Die Zucht entwickelte sich aus einheimischen Eseln, die man mit europäischen Rassen einkreuzte. 1819 wurde ein Katalanenhengst namens „Mammoth" importiert. Dieser Hengst vererbte vor allem seine stattliche Größe und verlieh darauf der Rasse zugleich ihren Namen. Obwohl sich die Esel gut zum Fahren und zum Reiten eignen, werden sie doch hauptsächlich in der Maultierzucht eingesetzt.

	♂	♀
Widerristhöhe (cm)	min. 147	min. 142

▼

▲

Katalanischer Riesenesel

Lange Zeit hielt der Katalane den Größenweltrekord bei den Eseln. Er ist solide gebaut und besitzt kräftige Gliedmaßen. Sein schwarz glänzendes Fell ist unterschiedlich getönt und weist weder Aalstrich noch Schulterkreuz auf. Maul, Augenumrandungen und Bauch sind von weiß-silberner Farbe. Der edle und temperamentvolle Katalane gilt als äußerst arbeitsfreudig und ausdauernd.
Das Zuchtgebiet des Asno Catalán liegt im Nordosten Spaniens, wo er sowohl ein unverzichtbares Nutztier in Land- und Forstwirtschaft als auch ein bevorzugter Vererber in der Maultierzucht war. Seine Qualitäten verhalfen ihm zu weltweitem Ruhm. In zahlreiche Länder wurde er zwecks Veredelung bodenständiger Rassen exportiert. Sein Zuchtbuch entstand im Jahre 1880. Heute gehört er zu den gefährdeten Rassen, für dessen Erhalt sich zahlreiche Züchter einsetzen und auch eine Organisation gegründet wurde.

	♂	♀
Widerristhöhe (cm)	135–164	> 135

▲

Andalusischer Riesenesel

Der Andalusier ist ein kräftiger, knochiger und dennoch harmonisch gebauter Esel. Er besitzt ein weiches, feinhaariges Fell, dessen Farbe von Reinweiß bis hin zum Apfelschimmel variiert. Schulterkreuz, Aalstrich oder Beinstreifung sind nicht vorhanden. Sein Temperament ist ruhig, ausgeglichen und entschlossen. Er zeichnet sich durch viel Energie und große Widerstandskraft, sowie eine hohe Hitzeresistenz aus.
Der Andalusische Riesenesel ist auch unter dem Namen „Asno Cordobés" bekannt. Es wird angenommen, dass er ein direkter Nachfahre des ausgestorbenen Pharaonenesels ist. Früher war er in ganz Südspanien verbreitet und diente sowohl als Arbeitsesel als auch in der Maultierzucht. Trotz intensiver Bemühungen erholt sich der Bestand dieser gefährdeten Rasse nur sehr langsam.

	♂	♀
Widerristhöhe (cm)	148–160	> 145

Pyrenäen-Esel

Der Pyrenäen-Esel ist ein gut bemuskelter Esel. Man unterteilt die Pyrenäen-Esel grundsätzlich in den kleinen, eher gedrungenen Gascon und den großen, eleganten Catalan. Sein seidiges kurzes Haar glänzt schwarz bis dunkelbraun oder ist rostrot getönt. Schulterkreuz, Aalstrich oder Beinstreifung sind nicht vorhanden. An Maul, um die Augen und am Bauch ist er hell. Eseln dieser Rasse wird ein nobler Charakter nachgesagt.
Der Âne des Pyrenées stammt ursprünglich von seinem spanischen Nachbarn, dem Katalanen, ab. Sein grosses Verbreitungsgebiet erstreckt sich über das gesamte Pyrenäengebirge Südfrankreichs. Die verschiedenen Schläge haben sich durch geografische Isolation und unterschiedliche Anforderungen an den Nutzen entwickelt. Der Rassenstandard beschränkt sich auf die Beschreibung der Gemeinsamkeiten aller Typen. 1997 wurde die Rasse offiziell anerkannt. Heute ist dieser Esel gleichermaßen in der Maultierzucht und als Begleiter auf Wandertouren sehr beliebt.

	Gascon	Catalan
Widerristhöhe (cm)	120–135	135 - >160

▼

Unterbringung

▶ Können sich die Esel nach Lust und Laune im Stall oder im Freien aufhalten, profitiert auch der Halter, da er seine Tiere jederzeit optimal versorgt weiß.

Die Unterbringung der Esel beeinflusst neben Fütterung und Pflege im Wesentlichen ihre körperliche und seelische Gesundheit. Es ist zwar kaum möglich, für die Tiere naturnahe Bedingungen zu schaffen, aber es ist erstrebenswert, die Haltung so gut wie möglich ihren Ansprüchen anzupassen. Eine artgerechte Unterkunft muss auf jeden Fall folgende Grundbedürfnisse erfüllen:

- Unsere Hausesel beanspruchen Raum, Licht und frische Luft.
- Unsere Hausesel haben ein natürliches Bedürfnis nach freier Bewegung.
- Unsere Hausesel brauchen Artgenossen, um durch Lautäußerungen, Gerüche und körperliche Signale mit ihnen kommunizieren zu können.

Haltungsformen

Die Gestaltung einer Eselunterkunft wird in der Regel durch die bestehende Infrastruktur vorbestimmt. Mit etwas Phantasie und gutem Willen aber lassen sich die meisten Anlagen zugunsten der Tiere und auch zur rationelleren Gestaltung der ganzen Arbeitsabläufe noch etwas optimieren.
Die Zeichnung auf Seite 30 und die Tabelle auf Seite 31 zeigen unterschiedliche Haltungssysteme auf.

Erläuterungen zur Gruppenhaltung: Die Gruppenhaltung im Freilaufstall ist eine mustergültige Haltungsform für Esel. Sie erfordert allerdings ausreichend Platz, damit dem Sozialgefüge und der Individualdistanz der einzelnen Tiere Rechnung getragen werden kann. Überdies stellt sie Ansprüche an die Beobachtungsgabe des Halters, denn er muss Probleme innerhalb der Eselgemeinschaft erkennen und gegebenenfalls einschreiten. Während der Fütterung sollten die Tiere immer getrennt werden, damit keines in Stress gerät oder zu kurz kommt. Zur vorübergehenden Isolierung kranker Tiere oder Neuzugänge sollte jederzeit eine Absonderungsbox zur Verfügung stehen.

Erläuterungen zur Stallhaltung: Esel dürfen weder einzeln, noch in Gruppen ausschließlich im Stall gehalten werden. Oft ist es aus baulichen Gründen nicht realisierbar, einen direkten Zugang vom Stall zum Außenplatz oder der Weide zu schaffen. Damit die Tiere trotzdem das erforderliche Maß an Außenleben bekommen, können sie während der Nacht aufgestallt und tagsüber auf einen Allwetterplatz oder die Weide verbracht werden. Dort benötigen sie aber jederzeit Zugang zu einem geschützten Ort wie zum Beispiel einem Iglu, Weidezelt oder einem dreiseitig geschlossenen Unterstand.

▶ Haltungsformen.

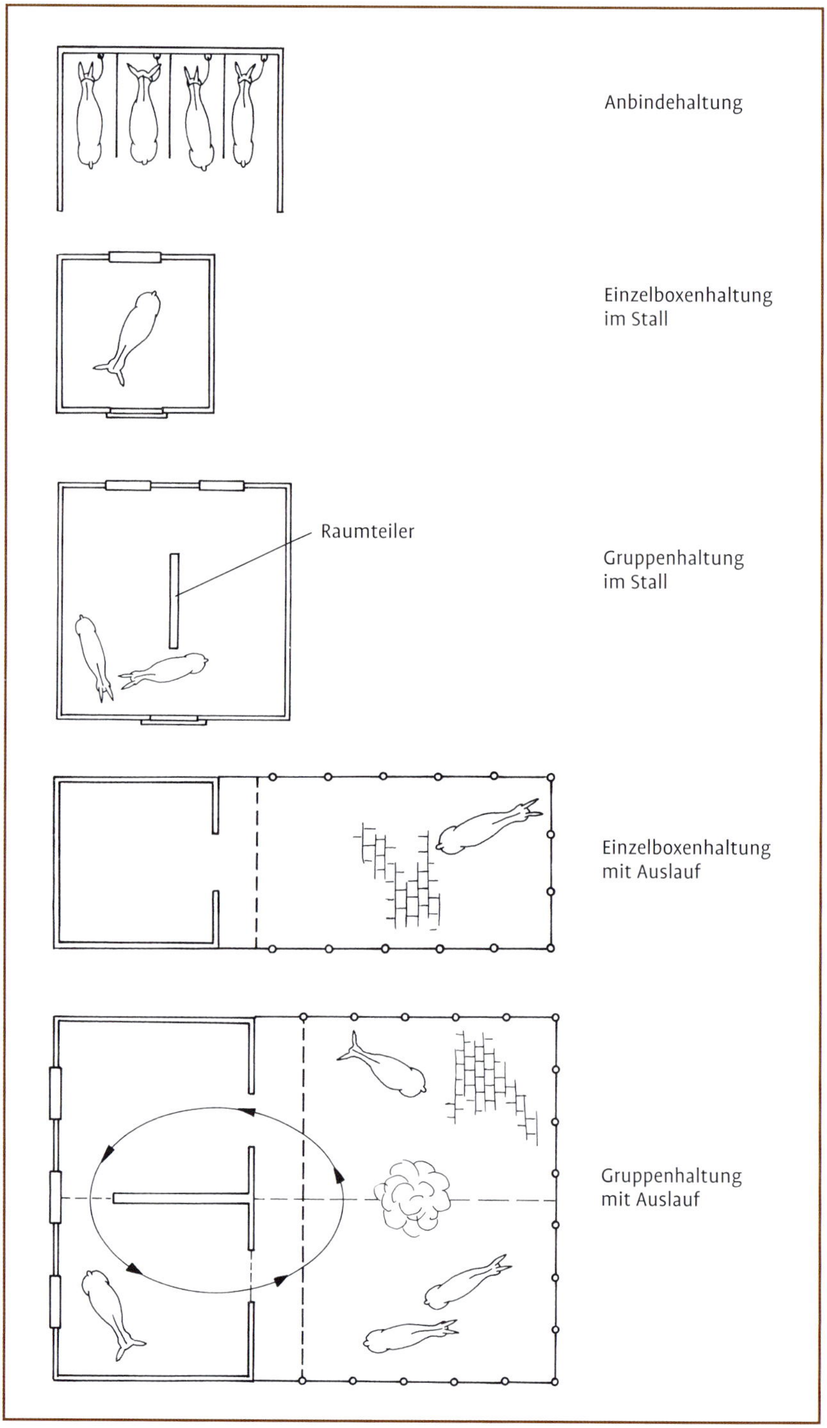

Auf Platz- und Bewegungsmangel reagieren Esel mit ungewöhnlichen Verhaltensweisen wie Scharren, an die Wand schlagen, Apathie oder Gehässigkeit gegenüber Menschen und Artgenossen. In der Gruppe treten vermehrt Streitigkeiten auf, die nicht selten zu Verletzungen führen.

Die Stallanlage

Die Eselhaltung beschränkt sich nicht nur auf den Eselstall selbst. Um erfolgreich wirtschaften zu können, bedarf es einer umfangreichen Infrastruktur mit

- Innen- und Außenplatz für die Tiere,
- Lagerplatz für Heu und Stroh,
- Geschirr-, Sattel-, oder Gerätekammer,
- einem befestigten Pflegeplatz
- und einem Mistlager.

Stall

Der Aufenthaltsort für die Esel besteht aus einem eingestreuten Liegeplatz und einer Auslaufmöglichkeit im Freien. Falls diese zwei Bereiche miteinander verbunden sind und die Tiere frei zirkulieren können, gibt es ein paar bauliche Maßnahmen zu berücksichtigen, um Streitigkeiten unter den Tieren vorzubeugen:

- Der Ein- beziehungsweise Ausgang muss so breit sein, dass sich die Esel nicht gegenseitig den Zugang versperren können.

Haltungsformen im Vergleich

Haltungsform	**Beschreibung**	**Bemerkungen, zusätzliche Maßnahmen**
Anbindehaltung	Der Esel wird einzeln in einem Stand angebunden.	Nicht statthaft. Grobe Tierquälerei. Zum Teil gesetzlich verboten.
Einzelboxenhaltung im Stall	Der Esel kann sich innerhalb einer Boxe frei bewegen.	Sicht- und Riechkontakt zu Artgenossen müssen vorhanden sein. Täglicher Auslauf ins Freie für mehrere Stunden muss gewährleistet sein. Die Boxe sollte ein Fenster mit Sicht nach draußen aufweisen.
Einzelboxenhaltung mit Auslauf	Der Esel hat von seiner Boxe aus ständigen Zugang ins Freie.	Sicht- und Riechkontakt zu Artgenossen müssen vorhanden sein. Stundenweiser Auslauf auf Weide oder Allwetterplatz ist notwendig.
Gruppenhaltung im Stall	Zwei oder mehrere Esel leben gemeinsam in einem grossen Laufstall.	Täglicher Auslauf ins Freie für mehrere Stunden muss gewährleistet sein. Der Stall sollte Fenster mit Sicht nach draußen aufweisen. Absonderungsboxen müssen jederzeit zur Verfügung stehen.
Gruppenhaltung mit Auslauf (Freilaufstall)	Zwei oder mehrere Esel leben gemeinsam in einem Laufstall mit ständigem Zugang ins Freie.	Ideale Haltungsform. Absonderungsboxen müssen jederzeit zur Verfügung stehen.
Saisonale Weidehaltung in der Gruppe	Weideaufenthalt während der Vegetationszeit.	Ein Witterungsschutz auf der Weide ist Pflicht. Artgerechte Haltungsform auch im Winterstall.
Robusthaltung in der Gruppe	Ganzjähriger Weideaufenthalt.	In unseren Breiten für Esel nicht geeignet.

- Bei der Haltung größerer Gruppen sollten zwei Eingänge vorhanden sein.
- Große Flächen sollten mit Raumteilern versehen werden.
- Es dürfen nirgends Sackgassen entstehen.

Ein Raumteiler im Stall kann aus einer freistehenden Zwischenwand bestehen und im Außenbereich aus einem großen Baumstamm oder einem Brunnen. Dadurch findet jedes Tier stets einen Platz, an dem es sich bequem, sicher und ungestört aufhalten kann. Vorzugsweise ist der Grundriss so zu planen, dass eine Art Rundlauf entsteht, damit auch schwächere oder rangniedrige Tiere immer eine Ausweichmöglichkeit haben. Werden die Tiere in Einzelboxen gehalten, muss ihnen die Höhe der Trennwände zu den Nachbarsboxen oder zum Stallgang einen direkten Sichtkontakt mit Artgenossen ermöglichen. Die Boxen sollten auf jeden Fall an einer Außenwand des Gebäudes liegen, damit Fensteröffnungen geschaffen werden können.
Unter großen Vordächern halten sich die Esel besonders gerne auf. Wenn immer möglich, sind solch geschützte Plätze an der frischen Luft beim Stallbau einzuplanen. Auch die Montage eines stabilen Sonnensegels kann diesbezüglich gute Dienste leisten.

Stalleinrichtung

Fenster und Türen. Flügeltüren im Stallbereich sollten sich der Platzverhältnisse und der Unfallgefahr wegen immer nach außen öffnen lassen. Eine gute Alternative bieten Schiebetüren, die wenig Raum einnehmen und gut zu bedienen sind. Offene Durchgänge können mit Streifenvorhängen aus PVC-Bahnen versehen werden. Da diese relativ gut abdichten, ist der Belüftung auf andere Weise Rechnung zu tragen. Glasfenster dürfen der Unfallgefahr wegen für die Esel nicht erreichbar sein. Entweder man ersetzt das Glas durch Plexiglas oder man montiert ein Schutzgitter. Je nach Bauweise des Stalles kann auch der Einsatz von Windschutznetzen sinnvoll sein. Diese Plastikgewebe bremsen den Luftzug und lassen dennoch Frischluft eintreten. Sie trotzen Windgeschwindigkeiten von über 100 km / h und vermögen starke Luftströmungen bis zu 90 % zu brechen.

Futter und Wasser. Das Raufutter wird vorzugsweise auf sauberem Boden angeboten. Wandraufen oder Heunetze sind ungeeignet, da neben der unnatürlichen Körperhaltung beim Fressen auch Staub in die Augen und Nüstern der Tiere gerät. Die Esel können während der Fütterung mit einem Absperrband getrennt oder auch angebunden werden. Für Gruppenställe kommen sogenannte Fressstände in Frage. Das Zusatzfutter reicht man in einem kleinen Futterbecken, das entweder auf den Boden gestellt oder fest an die Wand montiert wird. Die Becken am Boden rutschen gerne weg oder werden durch den Schmutz geschleppt und zertrampelt, wenn man sie nicht gleich wieder einsammelt.

Die Esel müssen jederzeit Zugang zu sauberem Trinkwasser haben. Der Betrieb von Selbsttränken garantiert

◀ Während ihres Aufenthalts in den Boxen sollten die Esel bei entspannter Körperhaltung den Kopf ins Freie strecken können, damit sie am Leben außerhalb des Stalles teilnehmen und Frischluft genießen können.

immer Frischwasser, hat aber den Nachteil, dass nicht beheizbare Modelle im Winter schnell einfrieren. Außerdem sind die Tränken mit Rohr- oder Zungenventilen nicht sehr beliebt bei den Eseln, weil das Wasser nur dann fließt, wenn das Ventil gedrückt wird. Vorzuziehen sind Tränkebecken mit Schwimmerventilen, die immer einen bestimmten Pegel halten und den Tieren erlauben, aus einer offenen Wasserfläche zu trinken. Die Tränken sollten sich möglichst weit weg vom Futterplatz befinden, da manche Esel gerne ihr Heu „tauchen" und damit das Wasser verschmutzen.

Zaun. Permanent zugängliche Ausläufe sind meistens eher klein und müssen deshalb mit einem stabilen Zaun versehen sein. Dieser wird oft beknabbert, weil die Esel im Auslauf nicht mit Grasen beschäftigt sind. Auch einen Schlag, Stoß oder einen scheuernden Esel muss er aushalten. Verbissfeste und massive Materialien wie verzinkte Metallbauelemente, Panels oder Kunststoffzäune sind hierfür eine gute Wahl. Holzzäune sollten generell mit Maschendraht oder einem zusätzlichen Elektrozaun vor Verbiss geschützt werden. In sehr kleinen Paddocks sind allerdings Elektrozäune gefährlich, da die Möglichkeit von Berührungen aus Unachtsamkeit viel zu groß ist. Damit kein Esel in Bedrängnis gerät, sollten außerdem generell spitze Winkel bei Einzäunungen vermieden werden.

Baumaterialien

Für Stallbauten stehen natürliche und atmungsaktive Materialien wie Holz und Backstein im Vordergrund. Auch im Stallbereich muss Holz durch Ver-

Für Esel erreichbare Bauteile aus Holz müssen vor Verbiss geschützt werden.

kleidung mit Maschendraht oder Montage von Stahl- oder Aluminiumkanten vor Verbiss geschützt werden. Esel lecken und nagen auch an mit Holzschutzmitteln behandelten Bauteilen, und können sich dabei sogar Vergiftungen zuziehen.
Aus Sicht des Brandschutzes sind Massivbauten wesentlich sicherer als Holzbauten. Betondecken begünstigen jedoch die Kondenswasserbildung. Sie sollten deshalb auf der Stallseite mit einer Isolation, die fähig ist Feuchtigkeit aufzunehmen, versehen werden. Will man Decken oder Massivwände streichen, so muss wasserdampfdurchlässige Farbe verwendet werden. Für diesen Zweck ist die Kalkfarbe, die schon seit jeher in Ställen regelmäßig aufgetragen wurde, ideal. Auch Mineralfarben aller Art haben sich bewährt. Auf massiven Wänden leisten Verkleidungen aus Holz gute Dienste, denn sie schützen die Esel vor Kratzverletzungen und Schürfwunden.

Der Flächenanteil von Fenstern soll 6 %, mindestens aber 3 % der Stallgrundfläche betragen.

Stallklima

Damit ein gesundes Stallklima entsteht, müssen folgende Bedingungen erfüllt werden:

- Genügende Durchflutung mit Tageslicht.
- Ausreichende Frischluftzufuhr und gute Luftzirkulation.
- Kleinstmöglicher Staub- und Keimgehalt in der Luft.
- Niedrige Luftfeuchtigkeit und Schadgaskonzentration.

Licht. Steht den Tieren kein ständiger Zugang ins Freie zur Verfügung, muss der Stall mit offenen oder transparenten Flächen ausgestattet sein, durch die Tageslicht einfallen kann.

Temperatur. Gesunde Esel vertragen kalte Temperaturen unter der Nullgradgrenze ohne Probleme, vorausgesetzt es handelt sich um eine trockene, zugluftfreie Kälte. Große Temperaturunterschiede von Stall- und Außenluft begünstigen die Bildung von schädlichem Kondenswasser im Stall.

Die Temperatur im Stall sollte möglichst nahe an der der Außenluft liegen.

Luftqualität. Esel stellen hohe Ansprüche an die Qualität der Luft, denn ihre Lungen reagieren sehr empfindlich auf Feuchtigkeit, Ammoniak und Staub. Eine gute Stallbelüftung ist deshalb außerordentlich wichtig. Vor allem während der kalten Jahreszeit dürfen die Fenster keinesfalls geschlossen bleiben, damit die Schwerkraftlüftung funktioniert. Dabei steigt erwärmte, verbrauchte Luft nach oben und tritt per Sogwirkung durch Fenster, Abluftkamine oder Firstöffnungen wieder aus. Im Gegenzug strömt durch Türen oder andere Fenster wieder frische Luft in den Stall. Allerdings dürfen weder punktuell starke Strömungen noch Zugluft auftreten, sondern die Luft soll im gesamten Stall gleichmäßig umgewälzt werden. Hohe Räume, Holzdecken und verstellbare Kippfenster begünstigen eine gute Luftqualität. Schlussendlich leistet die

Als angemessen gilt eine relative Luftfeuchtigkeit im Stall von 30 bis 70 %. Die Differenz der Luftfeuchtigkeit von Stall- zu Außenluft sollte maximal 10 % betragen.

konsequente Sauberhaltung der Einstreu den entscheidenden Beitrag zu einer guten Stallluft, denn bei der Zersetzung von Harnstoff entsteht das Reizgas Ammoniak, welches neben Keimen und Pilzsporen nachweislich die Atmungsorgane der Esel schädigt.

Unfallverhütung

Mit ihrer Neugierde bringen sich die Esel nicht selten in Gefahr. Deshalb ist der Sicherheit in einer Stallanlage ganz besondere Aufmerksamkeit zu schenken.

Im gesamten Bereich der Tiere dürfen keine Gegenstände oder Einrichtungen vorhanden sein, die eine Verletzungsgefahr bergen. Schranken, Verschlüsse und vorstehende Kanten sollten abgerundet sein. Schalter und Leitungen von elektrischen Anlagen dürfen sich nie in Reichweite der Esel befinden. Die Tiere dürfen nicht an Stallgeräte wie Mistgabeln, Besen, Kübel und Ähnliches gelangen. Herumliegende Reinigungstücher, Lappen und Schwämme schnappen sich die Esel und spielen damit. Wird ein solcher Gegenstand verschluckt, ist unter Umständen eine gravierende Darmverstopfung die Folge. Ein allgemeines Rauchverbot in den Ställen sollte selbstverständlich sein.

Unfallgefahr: Besonderes Augenmerk ist auf kleine Zwischenräume und Spalten zu legen, in denen sich der Esel mit Hufen oder Gliedmaßen einklemmen könnte.

Der Stall in Zahlen

Die minimalen Abmessungen von Stall und Stalleinrichtungen werden von verschiedenen Tierschutzvereinigungen vorgeschrieben und sind teilweise sogar gesetzlich verankert. Als Berechnungsgrundlage dient immer die Widerristhöhe (Wh) der Tiere, die vom ebenen Boden bis zur höchsten Stelle des Widerristes gemessen wird. Die Tabellen auf Seite 36 und 37 zeigen die gängigsten Abmessungen auf.

Die Infrastruktur

Futterlager. Der Heuboden befindet sich in der Regel über den Stallräumlichkeiten. Er muss gut durchlüftet sein, vor allem wenn man frisch geerntetes Heu und Stroh ab Feld unterbringt. Wird das Raufutter auf einem Erd- oder Betonboden gelagert, muss man mit einer Lage aus Holzrosten das Hineinziehen von Bodenfeuchtigkeit verhindern. Der Wassergehalt von Heu und Stroh ist unmittelbar nach der Ernte so hoch, dass sich bei mangelnder Durchlüftung Schimmelpilze entwickeln. Falls nicht ausreichend Platz für die Einlagerung eines ganzen Jah-

Erforderliche Flächenmaße

Art des Stalles	Formel		Anzahl Esel	Berechnungsbeispiele für Esel mit 1,20 m Widerristhöhe			
Einzelboxe		$(2 \times Wh)^2$ *	1		$(2 \times 1{,}20\ m)^2$	=	$5{,}76\ m^2$
Einzelboxe mit Auslauf	Boxe:	$(2 \times Wh)^2$	1	Boxe:	$(2 \times 1{,}20\ m)^2$	=	$5{,}76\ m^2$
	Auslauf:	$2 \times (2 \times Wh)^2$		Auslauf:	$2 \times 5{,}76\ m^2$	=	$11{,}52\ m^2$
				Total:		=	$17{,}28\ m^2$
Gruppenstall		$(2 \times Wh)^2 \times n$	4		$(2 \times 1{,}20\ m)^2 \times 4$	=	$23{,}04\ m^2$
Gruppenstall mit Auslauf	Stall:	$(2 \times Wh)^2 \times n$	4	Stall:	$(2 \times 1{,}20\ m)^2 \times 4$	=	$23{,}04\ m^2$
	Auslauf:	$2 \times (2 \times Wh)^2 \times n$		Auslauf:	$2 \times 23{,}04\ m^2$	=	$46{,}08\ m^2$
	**			Total:		=	$69{,}12\ m^2$
Witterungs-schutz		$3 \times Wh^2$	1		$3 \times (1{,}20\ m)^2$	=	$4{,}32\ m^2$
		$3 \times Wh^2 \times n$	4		$3 \times (1{,}20\ m)^2 \times 4$	=	$17{,}28\ m^2$

* mindestens jedoch 5 m^2 pro Esel.
** Die doppelte Stallfläche für den Auslauf reicht nur für Esel, die sich sehr gut verstehen. Ideal wäre eine Fläche von 100 m^2 pro Esel.

Erforderliche Raummaße

Lichte Deckenhöhe:	1,5 x Wh, mindestens jedoch 2,0 m.
Futterkrippen:	0,3 x Wh (Fressebene)
Selbsttränken:	0,5 bis 0,6 x Wh
Anbinderinge:	0,7 bis 0,8 x Wh
Einzäunungen:	0,8 x Wh, mindestens jedoch 1,05 m.
Trennwände (Höhe):	Mindestens 0,8 x Wh.
Durchgänge (Breite):	mindestens 1 m, besser 1,20 m.
(Höhe):	mindestens 1,35 x Wh
Fressstände (Breite):	0,6 bis 0,8 m
(Länge):	1,8 x Wh

resbedarfes vorhanden ist, muss man im Winter zu höheren Preisen Raufutter nachkaufen. Da die Heu- und Strohlieferanten große LKWs fahren, und das Entladen möglichst direkt vom Transportfahrzeug in das Heulager erfolgen sollte, ist auf eine gute Zufahrt zu achten.

Berechnung von Lagerraum für Heu und Stroh, siehe Tabelle Seite 37:
Beispiel für einen 200 kg schweren Esel ohne Weidegang und Einstreu:
Tagesbedarf an Heu pro 100 kg Körpergewicht = 1 bis 1,5 kg.
Jahresbedarf = 365 × 3 kg = ca. 1000 kg
Tagesbedarf an Stroh pro 100 kg Körpergewicht = 0,5 bis 0,8 kg.
Jahresbedarf = 365 × 1,6 kg = ca. 600 kg.

Geräteraum. Er dient als Lager für diverse Utensilien rund um die Eselhaltung, wozu auch das Sattelzeug zählt. Ist dieser Raum ungenügend belüftet oder feucht, bildet sich Schimmel auf der Oberfläche von Leder bei längerem Nichtgebrauch. Auch Medikamente oder Futtersäcke werden dort aufbewahrt, was ebenso ein trockenes Raumklima voraussetzt.

Anbindeplatz. Ein sauberer Pflegeplatz außerhalb des Stalles ist notwendig. Dort können die Tiere an-

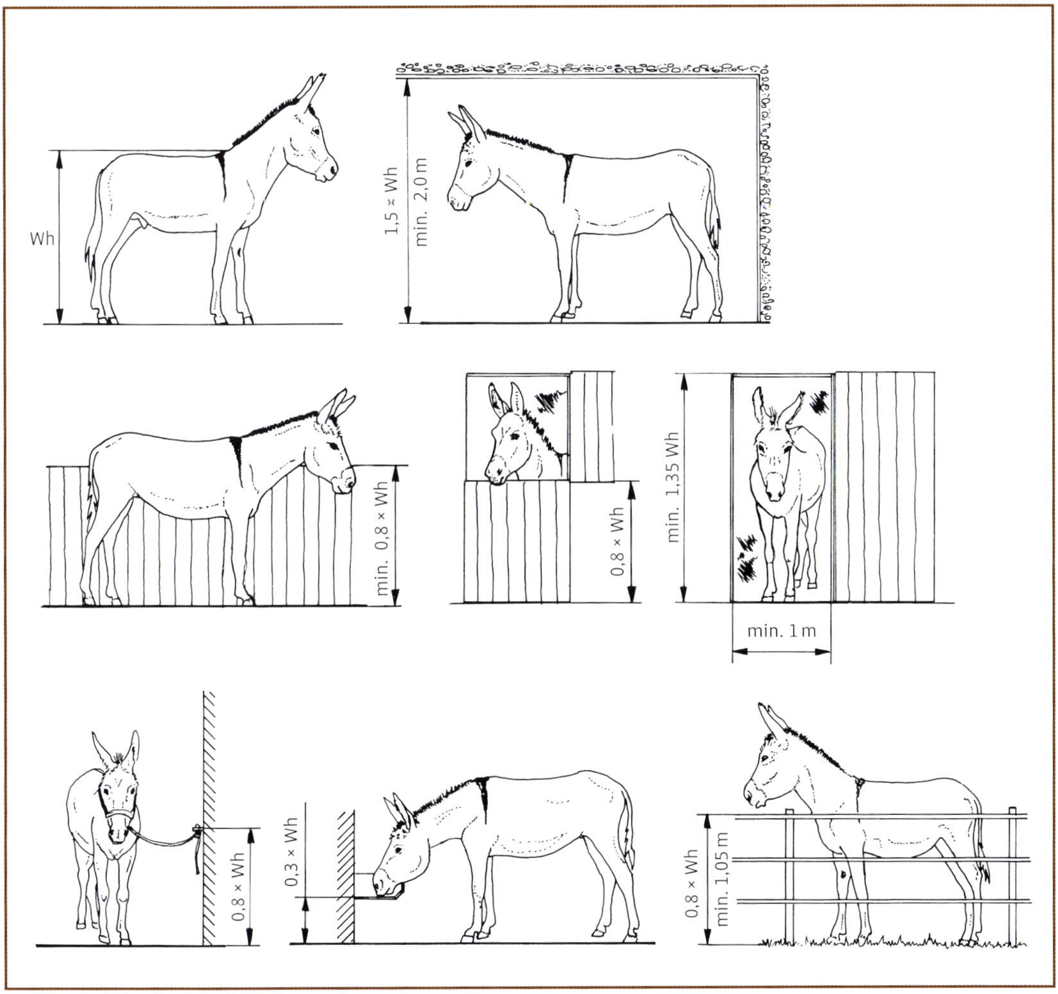

Lagerraum für Heu und Stroh					
	Jahresbedarf	**Gewicht pro HD-Ballen ***	**Anzahl der benötigten Ballen**	**Raumbedarf pro HD-Ballen 40 × 50 × 100 cm ***	**Raumbedarf Total**
Heu	1000 kg	15 kg	67	0,2 m³	13 m³
Stroh	600 kg	10 kg	60	0,2 m³	12 m³
Insgesamt Raumbedarf				25 m³	
Insgesamt Flächenbedarf bei einer Raumhöhe von 2,50 m				10 m²	

* Diese Angaben sind Durchschnittswerte von Hochdruck-Kleinballen.

gebunden und ungestört geputzt, angeschirrt oder gesattelt werden. Auch Behandlungen durch den Hufschmied oder Tierarzt lassen sich nur in Ruhe durchführen, wenn Artgenossen den angebundenen Esel nicht ablenken oder gar bedrängen können.

Mistlager. Zur Lagerung des anfallenden Dungs bedarf es einer sogenannten Dunglege – einer betonierten Platte, die den Boden vor dem Sickerwasser schützt. Zuständig für die dafür erforderliche Baugenehmigung sind Bau- und Wasserwirtschaftsämter. Dulden die Nachbarn keinen Miststock, besteht die Möglichkeit, einen Container zu mieten oder zu kaufen. Der guten Zufahrt zum Mistlagerplatz mit schweren Maschinen ist auf jeden Fall Rechnung zu tragen, damit der Mist reibungslos entsorgt werden kann.

Böden

Was auf den ersten Blick als eher nebensächlich erscheint, hat in der Praxis einen gravierenden Einfluss auf die Eselhaltung. Es lohnt sich also, sich mit der Gestaltung von Stallböden ernsthaft auseinanderzusetzen.

Stallboden

Ein tauglicher Boden im Stallbereich ist außerordentlich wichtig. Hygiene, Sicherheit, Wohlbefinden und Arbeitsaufwand hängen stark von seiner Beschaffenheit ab.

Ein guter Boden muss folgende Eigenschaften aufweisen:

- Er ist mechanisch und chemisch beanspruchbar,
- auch bei Nässe rutschfest und trittsicher,
- gehfreundlich und komfortabel,
- im Liegebereich behaglich und weich,
- lässt sich gut reinigen,
- kann nötigenfalls desinfiziert werden
- und ist dicht, damit kein Urin und Waschwasser versickert.

Als Lösungen für den Liege-, Lauf- und Fressbereich sowie auch für den Stallgang kommen die Böden wie in der Tabelle auf Seite 39 in Frage. Wo mit Abwässern zu rechnen ist, muss der Boden ein Gefälle von circa 1 % zu einer Jaucherinne oder einem Ablauf hin aufweisen. Böden von Neubauten müssen gemäß Vorschriften der Umweltbehörden wasserdicht sein, bei Altbauten wird in Bereichen, wo die Einstreu genügend Feuchtigkeit bindet, ein durchlässiger Boden manchmal toleriert. Ein tauglicher Boden kommt im Minimum auf 20 bis 30 Euro pro Quadratmeter zu stehen.

Auslauf

Der Untergrund in der unmittelbaren Umgebung des Stalles sowie in kleinen Ausläufen muss befestigt und pflegeleicht sein.

Von den Tieren stark frequentierte Bereiche im Freien sollten möglichst trocken und sauber bleiben. Vor Stall-

Stallböden		
Bodenbeschaffenheit	**Vorteile**	**Nachteile**
Aufgerauter Beton	pflegeleicht, griffig, dauerhaft günstig	hart und sehr kalt bildet Betonstaub
Mörtelüberzug Abrieb	Pflegeleicht	Wird mit der Zeit brüchig oder glatt
Gussasphalt	pflegeleicht, griffig, dauerhaft, weicher und wärmer als Beton	aufwändiger und teurer Einbau schwarze Farbe wirkt düster
Ziegelstein Klinker	Warm, dauerhaft Ästhetisch	nicht wasserdicht bei Nässe schmierig und glatt zeitaufwändiger Einbau
Betonsteine Gartenplatten	weniger kalt und feuchtigkeits-anziehend als Beton Do-it-yourself-Einbau möglich ästhetisch (diverse Modelle)	nicht wasserdicht (Fugen müssten mit Mörtel verdichtet werden)
Kopfsteinpflaster Natursteinpflaster	stabil, dauerhaft für Liebhaber, ästhetisch	aufwändig, hohe Baukosten uneben
Gummi-Stallmatten	Pflegeleicht weich, elastisch, warm günstigste Kunststoff-Lösung Do-it-yourself-Einbau möglich	Keimbildung unter den Matten (Fugen müssten verschweißt werden) bei Nässe rutschig
Verbundsteine und Platten aus Kunststoff	weich, elastisch, warm Do-it-yourself-Einbau möglich ästhetisch (diverse Modelle)	wasserdichte und durchlässige Sorten erhältlich Fugen sind nicht wasserdicht
Aufgetragene Gummi-beläge	pflegeleicht, hygienisch, rutschfest weich, elastisch, warm	aufwändiger und teurer Einbau
Holzpflaster aus Stirnholz	behaglich, wärmedämmend unimprägniert bindet es Gerüche ästhetisch	nicht wasserdicht Bakterienbildung da organisch bei Nässe rutschig kostspielig
Naturboden	Warm, preisgünstig	Pflege und Desinfektion unmöglich Nässe trocknet kaum mehr ab

eingängen und in Paddocks würde ein Naturboden bei anhaltender Nässe tiefgründig vermatschen und kaum mehr abtrocknen – für Mensch und Tier eine Zumutung. Solche Böden müssen also zwingend befestigt und mit Gefälle zur Ableitung des Regenwassers versehen werden. Als Baustoffe taugen sämtliche Materialien für Stallböden, die bei Nässe nicht rutschig werden. Pflegeleichtigkeit ist dabei sehr wichtig, da die Tiere eingetretenen Mist und am Fell haftende Einstreu verschleppen. Rasengittersteine eignen sich nicht für Auslaufböden, denn sie weisen trotz Verfüllung scharfe Kanten auf und sind vor allem für kleine Eselhufe zu uneben.

Allwetterplatz

Da die Weiden in unseren Breiten nur eingeschränkt benutzbar sind, brauchen die Esel für den täglichen Auslauf einen strapazierfähigen und großzügigen Platz, der bei jeder Witterung begehbar ist.

Der Allwetterplatz muss von Anbeginn fachmännisch geplant und ausgeführt werden. Eine Fuhre Hackschnitzel oder Sand in einen morastigen Auslauf zu kippen, bringt nur vorübergehenden Erfolg.

Für einen dauerhaften Platz muss mit Auslagen von mindestens 15 bis 20 Euro pro Quadratmeter reine Materialkosten gerechnet werden. Ein Allwetterplatz besteht grundsätzlich aus einer Trag-, einer Trenn- und einer Tretschicht.

Tragschicht. Die Tragschicht ist die unterste Schicht. Sie nimmt das Wasser auf und leitet es ab. Zur Erstellung einer Tragschicht wird zuerst der Boden 10 bis 30 Zentimeter tief abgetragen und anschließend mit grobem Schotter oder Kies gefüllt, verdichtet und planiert. Die Tragschicht sollte ein Gefälle von etwa 2 % aufweisen, damit das Wasser abfließen kann. Je nach Platzgröße, Bodenbeschaffenheit des natürlichen Untergrundes und Topographie kann ein zusätzliches Verlegen von Drainagerohren erforderlich sein.

Trennschicht. Die Trennschicht ist die mittlere Schicht und verhindert die Vermischung von feinkörnigem Tretschichtmaterial mit dem groben Schotter der Tragschicht. Ohne diese Trennschicht würden die Zwischenräume im Schotter verstopfen und das Wasser könnte nicht mehr abfließen. Die einfachste und kostengünstigste Variante ist das Verlegen eines starken Straßenvlieses. Für Vlies- und Gewebematten muss die darüber liegende Tretschicht bis 20 cm dick sein, damit das weiche Gewebe genügend geschützt ist. Spezielle Paddockplatten hingegen sind äußerst stabil und funktionieren schon mit einer Tretschicht von 10 Zentimetern Dicke. Beim Verlegen werden sie Stück für Stück ineinander gesteckt. Die Platten haben verschiedenförmige Löcher und Aussparungen, damit das Wasser abfließen kann. Nach dem Verlegen werden diese Hohlräume mit Feinsplitt, Rundkornriesel oder poröser Lava aufgefüllt. Je nach Situation sollte rund um die Platten eine Einfassung aus Beton, Holzschwellen oder Randsteinen das Auseinanderrutschen verhindern.

Tretschicht. Die Tretschicht ist die oberste Schicht des Platzes. Sie sollte weich, gehfreundlich und pflegeleicht sein. Meistens fällt die Wahl auf den überall erhältlichen normalen Maurersand mit einer Körnung bis 2 mm. Bei lang anhaltender Trockenheit staubt Sand allerdings stark. Von Zeit zu Zeit muss man auch wieder Material ergänzen. Die Esel dürfen wegen Kolikgefahr nicht auf sandigen Böden gefüttert werden. Der Mist lässt sich sehr gut absammeln. Ein Nachteil des Sandplatzes ist, dass der Sand an den Hufen haftet und überall im Stall verschleppt wird.

Als Alternative zu Sand kommen häufig auch Weichholzschnitzel zum Einsatz. Diese sind sehr liegefreundlich und kostengünstig, verrotten aber mit der Zeit und müssen dann vollständig entfernt und durch frische ersetzt werden. Auch das Absammeln von Mist gestaltet sich schwieriger als auf einem Sandplatz.

Einstreu

Beton- und Steinböden im Liegebereich erfordern eine dicke Einstreu die isoliert und polstert. Obwohl Holz- und Kunststoffböden Wärme dämmen und angenehm weich sind, sollten auch sie mit einer Streuschicht bedeckt werden, um Urinpfützen zu vermeiden. Tiefstreumatratzen, die nur ein- bis zweimal jährlich entfernt werden, belasten die Atmungsorgane der Tiere und zersetzen das Hufhorn. Überdies enthalten sie eine Vielzahl von Parasiten, Keimen und Fliegenbrut.

Als einziges Einstreusystem kommt die Wechselstreu in Frage. Kot und Urin werden täglich entfernt und die

▼ Ein fachgerechter Aufbau des Allwetterplatzes macht sich auf die Dauer bezahlt.

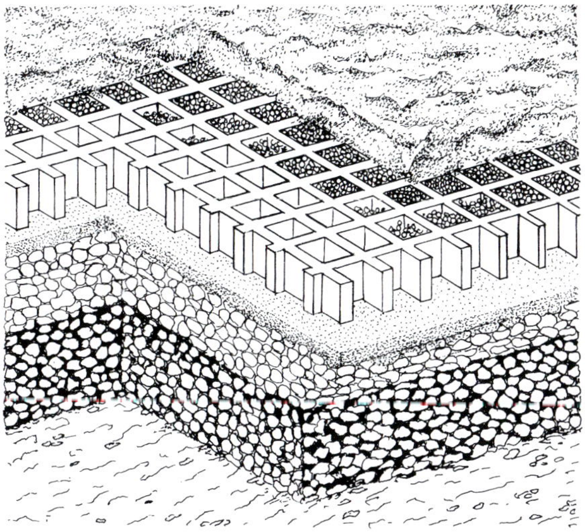

Tretschicht:
10 bis 20 cm Sand oder Weichholzschnitzel.

Trennschicht:
Vlies, Kunststoffgewebe oder Paddockplatten, die mit Splitt oder Rundkornriesel gefüllt werden.

Verlegebett: (nach Bedarf)
3 bis 4 cm Feinsplitt

Tragschicht:
10 bis 30 cm grober Schotter, verdichtet und planiert.

Natürlicher Untergrund:
Gras und Erde abgetragen, ca. 2 % Gefälle, evtl. Drainagen.

▶ Ein strapazierfähiger Allwetterplatz ist fester Bestandteil einer artgerechten Eselhaltung.

Streu wenn nötig, auf eine liegefreundliche Schichtstärke ergänzt. Leider neigen Esel dazu, ihre Einstreu zu verzehren und sich dabei möglicherweise Verdauungsprobleme einzuhandeln. Es empfiehlt sich, vor allem wenn ein neues Einstreuprodukt zur Anwendung kommt, die Tiere gut zu beobachten und zusätzliches Knabberstroh anzubieten, um sie vom Verzehr der Einstreu abzulenken.

Die Wahl der Einstreu ist abhängig von den verschiedenen Ansprüchen, die sie zu erfüllen hat:

- Soll die Einstreu auch als Nahrungsmittel und Beschäftigung dienen?
- Wie stark muss der Liegebereich durch die Streu isoliert und gepolstert werden?
- Wie wird Saugfähigkeit und Geruchsbindung gewertet?
- Wie wichtig ist die Kompostierbarkeit?
- Ist ein großer, gut durchlüfteter Lagerplatz für Stroh vorhanden?
- Was geschieht mit dem anfallenden Mist?
- Gibt es Stauballergiker unter den Eseln?

Stroh. Als Einstreu dient meistens das herkömmliche Getreidestroh. Langstroh in guter Qualität dürfen die Esel auch ohne Bedenken knabbern. Es ist Geschmackssache, ob Weizen-, Gersten-, Hafer- oder Roggenstroh gewählt wird. Jedes Produkt hat leicht unterschiedliche Eigenschaften, die es selber zu beurteilen gilt.

Auf dem Markt werden auch nachbehandelte Strohprodukte mit verbesserten Saug- und Verrottungseigenschaften angeboten. Vor allem die Strohpellets sind äußerst saugstark und halten das Mistvolumen klein. Diese Produkte kann man ganzjährig zu konstanten Preisen kaufen. Sie werden in stapelbaren Ballen und Säcken geliefert. Zwar sind sie teurer als Strohballen, ersparen einem dafür viel Lagerplatz. Zum Verzehr sind diese

Erzeugnisse jedoch ungeeignet oder sogar gefährlich.

Holz. Holzspäne oder entstaubtes Sägemehl aus Weichholz sind vor allem für übergewichtige oder stauballergische Esel eine geeignete Einstreu. Auch wer nicht genügend Lagerplatz für Stroh hat, kann die, jederzeit leicht zu beschaffenden Ballen verwenden. Die Saugfähigkeit einer Einstreu auf Holzbasis ist allerdings nur mittelmäßig, und die Verrottung sogar eher schlecht. Viele Landwirte weigern sich zudem, Mist mit Holzspänen abzunehmen. In der Handhabung ähnlich wie Sägemehl ist nachbehandeltes Weichholzgranulat, aber es verrottet viel besser und besitzt eine wesentlich höhere Saugfähigkeit. Holzeinstreuprodukte direkt vom Schreiner oder Gärtner sollte man nicht verwenden, denn sie können Chemikalien, Spritzmittel und Giftpflanzen enthalten.

Spezialprodukte. Ein sehr hohes Saugvolumen sowie gute Kompostierbarkeit weist die Einstreu auf Hanf- und Leinenstrohbasis aus. Beim Anbau dieser Pflanzen wird weitgehend auf Spritzmittel wie Herbizide, Fungizide, Pestizide oder Halmverkürzungsmittel verzichtet, was ebenfalls für diese Produkte spricht. Auch sollen sie von den Eseln weniger gern verzehrt werden. Mit speziell dafür erhältlichen Bitterstoffmixturen zum Aufsprühen kann man ihnen den Appetit darauf noch zusätzlich verderben. Eine Einstreu mit sehr guten Eigenschaften wäre auch Torf, doch sollte man aus ökologischer Sicht auf dessen Verwendung verzichten.

Entsorgung. Der beste Weg den Mist zu entsorgen, ist eine regelmäßige Abnahme durch den Landwirt, der damit seine Äcker düngt. Kleinere Mengen von Dung könnte der Eselhalter selber zu wertvollem Humusdünger kompostieren. Zwei bis drei Monate dauert es, bis Mist zu Dünger wird. Um eine gleichmäßige Rotte zu erreichen, muss man den Misthaufen immer wieder stapeln und einebnen. Zur Beschleunigung des Verrottungsprozesses sind zusätzlich spezielle Rotteförderer erhältlich. Manchmal nehmen auch Gärtner, städtische Kompostieranlagen oder örtliche Abfallentsorgungsunternehmen Eselmist entgegen. Immer populärer, aber nicht ganz billig sind die Dienstleistungen von Unternehmen, die Containermiete inklusive Entsorgung pauschal anbieten.

Weidehaltung

Der Weidegang bedeutet zweifellos Erholungsraum für die Esel, er muss aber mit Verstand „konsumiert" werden (siehe auch Seite 59, Weidegras).

Die hiesigen Weidegründe unterscheiden sich in jeder Beziehung von den Wüstenrandgebieten, an die der Esel naturgemäß angepasst ist. Eine planlose Weidepraxis kann Tier und Weide folgendermaßen schädigen:

- Zerstörung der Grasnarbe durch Trittschäden und tiefen Verbiss.
- Ausbreitung unerwünschter Pflanzen durch selektives Abfressen.
- Ernährungsstörungen beim Esel durch unausgewogenes Weidefutter.

- Ständige Neuinfektion mit Innenparasiten bei mangelnder Hygiene.
- Kolik und Hufrehe bei nicht sorgfältiger Umstellung auf Gras im Frühjahr.
- Übergewicht und Verfettung durch zu langes Grasen oder zu üppige Weiden.
- Strahl- und Huffäule bei langem Aufenthalt auf nassen und aufgeweichten Böden.
- Haut- und Fellschäden sowie Erkältungen bei fehlendem Witterungsschutz.

Weideverfahren

Die Größe und die Qualität der zur Verfügung stehenden Weidefläche ist entscheidend für die Art, wie sie genutzt werden kann:

Standweide. Als Standweide bezeichnet man eine Fläche, die auf ihrer Gesamtgröße ständig genutzt wird. Eine Heugewinnung ist kaum möglich. Für den Betreiber bedeutet eine Standweide wenig Arbeitsaufwand und die Esel haben ausreichend Platz zum herumtollen und galoppieren. Allerdings ist es schwierig, Standweiden bei guter Qualität zu erhalten. Während der Hauptvegetationszeit von Mai bis Juni ist das Futterangebot verhältnismäßig groß, viel Gras wird niedergetreten und durch Kot verschmutzt. Verschmähte Pflanzen werden überständig, samen aus und nehmen im Laufe der Zeit überhand. Der Weideaufenthalt muss zeitlich eingeschränkt werden, sonst leiden die Esel schnell an Übergewicht. Im Herbst wiederum wird die Weide karg, bietet kein Futter mehr und die Grasnarbe wird zerstört.

Umtriebsweide. Die Umtriebsweide besteht aus mehreren, in gleichmäßige Parzellen unterteilte Flächen. Eine Heugewinnung ist möglich und durch die Nutzung von Nachmahdflächen können die Esel ohne Gefahr der Überfütterung auch in der Hauptvegetationszeit längere Weideaufenthalte genießen. Für den Halter bedeutet die Umtriebsweide Mehraufwand, der sich allerdings zugunsten der Weidequalität lohnt. Nachdem eine Parzelle sauber abgegrast worden ist, bekommt sie eine lange Ruhepause. Die Abfolge des Parzellenwechsels kann optimal auf die Wachstumsphasen der Vegetation abgestimmt werden. Das Platzangebot für wilde Galopps ist durch die kleinen Teilstücke etwas eingeschränkt.

Wanderweide. Die Wanderweide ist eine Mischform von Umtriebs- und Standweide. Innerhalb eines umzäunten Grundstücks wird täglich mit einem Elektrozaun genau so viel frisches Gras freigegeben, wie den Eseln zusteht. Der bereits abgegraste Teil der Weide wird sukzessive „von hinten" verkleinert, sonst droht dort eine Überweidung. Allerdings reicht hier ein Nachrücken des Zaunes alle paar Tage.

Der Aufwand für den Halter ist etwas größer als bei den anderen Weideverfahren und die Spielwiese für die Esel fällt eher klein aus, dafür aber muss die Aufenthaltsdauer auf der Weide nicht eingeschränkt werden.

Wechselwirtschaft mit Wiederkäuern. Darunter versteht man die gemeinsame oder wechselweise Benützung der Weide mit Rindern, Schafen oder Ziegen. Dabei wird die Grasnarbe geschont, die Pflanzen werden gleichmäßiger abgefressen und das Futterangebot für die Esel fällt nicht gar so üppig aus. Wiederkäuer gelten auch aus Sicht der Parasitenbekämpfung als ideale Weidepartner für Esel.

Weidegröße. Man kann davon ausgehen, dass durchschnittlich 2000 bis 3000 m^2 (20 bis 30 Ar) pro Esel ausreichen, um ihn während der Saison mit Gras zu ernähren. Bei entsprechendem Weidemanagement sollte eine Fläche von 5000 m^2 (parzellieren!) pro Esel zur Deckung des gesamten Jahresbedarfs an Heu und Gras ausreichen.

Diese Angaben können jedoch stark schwanken, denn der Ertrag einer Weide wird von zahlreichen Faktoren beeinflusst:

- Fruchtbarkeit des Bodens.
- Klima und Vegetationsdauer.
- Qualität und Artenreichtum der Pflanzen.
- Pflegeintensität.
- Nahrungsbedarf der Esel.

Weidebegrenzungen

Eine Einzäunung muss stabil, ausbruchsicher und gut sichtbar sein und sie darf keine Verletzungsgefahr für die Tiere bergen.

Zäune dienen in erster Linie dazu, den Eseln Grenzen zu setzen. Natürliche Umfassungen wie Büsche und Hecken werden früher oder später „durchgefressen“ und Gewässer bieten ebenfalls nur bedingte Sicherheit.

Verlässliche Zäune sind also ein Muss und sollen nicht nur verhindern, dass die Esel das Weite suchen, sondern die Tiere auch vor zudringlichen Spaziergängern oder streunenden Hunden schützen.

▲ Die Weide wurde soeben erweitert und die Esel sammeln sich am frischen Grassaum.

Man unterscheidet feste und flexible Zaunsysteme. Flexible Lösungen sind nicht sonderlich stabil und brauchen Strom, damit sie von den Eseln respektiert werden. Feste Zaunsysteme werden nicht überall genehmigt. Vor deren Errichtung ist es empfehlenswert, sich entsprechend zu informieren. Für Esel nicht statthaft sind:

- Stacheldraht: Vielerorts sogar gesetzlich verboten.
- Tüdern: Anbinden des Esels an einen Pflock.
- Hobbeln: Zusammenbinden von zwei Beinen mittels Fußfesseln.

Elektrozäune. Mobile Litzenzäune sind billig und einfach zu errichten. Die Kunststoffpfähle mit festen Isolatoren und Trittlaschen lassen sich bequem eintreten und die Stromleiter sind schnell eingezogen. Breite Bänder können die Tiere besser erkennen als Kordeln, Litzen und Drähte. Elektrozaunanlagen müssen den VDE-Standards entsprechen. Diese schreiben für Ponys eine Höhe von mindestens 1,05 Metern mit zwei bis drei Strom führenden Leitern vor. Die Spannung muss überall und jederzeit mindestens 2000 Volt, besser aber 3000 bis 4000 Volt betragen. Entlang öffentlicher Straßen muss mit Schildern auf den E-Zaun hingewiesen werden. Damit der Elektrozaun sicher funktioniert, muss er frei von Bewuchs und korrekt geerdet sein. Es ist Vorschrift, die Funktionstüchtigkeit von E-Zäunen täglich zu überprüfen, sonst wird bei einem Unfall nicht gehaftet.

Als schnell montierte Weideunterteilung oder als Verbiss- und Scheuerschutz für feste Zauneinrichtungen eignet sich der mobile Elektrozaun sehr gut. Als Außenzaun müssen anstelle von Steckpfählen zumindest stabile Holz- oder Recyclingpfosten verwendet werden. Kunststoff-Weidenetze für Schafe und Geflügel sind wegen der Verletzungsgefahr für die Esel ungeeignet.

Weidezaungeräte. Zur Stromversorgung werden Weidezaungeräte als 230-V-Netzgeräte, 12-V-Autobatterien, 9-V-Trockenbatterien oder Solargeräte angeboten. Die Wahl hängt von der Lage der Weide, der Länge des Zauns und dem Budget ab. Die Wirksamkeit aller Geräte beruht auf einer einwandfreien Erdung. Als Erdungsstab taugt am besten ein feuerverzinkter Stahl (rostfrei!), der mindestens einen Meter tief im Boden steckt. Für sehr leistungsfähige Geräte und trockene Böden sind sogar mehrere Erdstäbe nötig. Weidezaungeräte dürfen für Fremde nicht zugänglich sein.

Holz- und Kunststoffzäune. Wer in Ruhe schlafen will, leistet sich ein festes Zaunsystem. Lösungen aus Holz stehen in vielen Varianten und Preislagen zur Auswahl und fügen sich gut in die Landschaft ein. Die Kosten für einen Holzzaun liegen bei 5 bis 20 Euro pro Zaunmeter. Nur imprägnierte Hölzer garantieren für Langlebigkeit. Holzzäune können im Do-it-yourself-Verfahren erstellt werden. Die Zaunpfähle sollten etwa 10 cm dick sein und zu einem Drittel ihrer Gesamtlänge, mindestens aber 50 cm, in der Erde stecken. Der Abstand zwischen den einzelnen Pfählen beträgt 2,5 m bis 3 m. Die zwei bis drei Querlatten werden jeweils auf der Innenseite des Zaunes montiert, damit sie nicht weggedrückt werden können.

Zäune aus Kunststoff sind sehr langlebig, weitgehend wartungsfrei und meistens auch bissfest, vorausgesetzt an der Materialqualität wird nicht gespart. Sie sind aber wesentlich teurer als die Holzzäune.

Knotengitterzäune. Drahtgeflechte, die man an den Innenseiten von stabilen Holz-, Recycling- oder Metallpfosten montiert, sind ebenfalls sehr robust, ausbruchsicher und dabei noch erschwinglich. Die Gitter dürfen nicht zu weitmaschig sein und müssen immer gut gespannt bleiben, was besonders die Eckpfosten stark belastet. Diese werden deshalb vorzugsweise einbetoniert oder zumindest mit diagonalen Stützen verstärkt. Wenn nötig, kann zuoberst ein Strom führender Draht das Herunterdrücken oder Überklettern des Zaunes verhindern.

Weidetore. Weideeingänge sollten eine Breite von 2 m bis 3,5 m haben und nicht in einer Ecke des Zaunes liegen. Feste Tore gibt es in vielen Ausführungen fertig zu kaufen. Meistens wählt man sie passend zum Zaun. Mit etwas handwerklichem Geschick kann man sie aber auch selber herstellen. Sie sollten sich einhändig nach innen öffnen lassen.

Offene Absperrungen aus Elektrozaunband stellen eine erhebliche Gefahrenquelle dar, wenn die Litzen oder Bänder am Boden liegen. Mit Zaunbandaufrollern, Torspannfedern oder Elastikseilen lassen sich auch diese Eingänge ordentlich betreiben.

Unter Umständen kann eine Sicherung der Weideeingänge mit Vorhängeschlössern angezeigt sein.

Witterungsschutz

Auf der Weide muss dem Esel ein jederzeit zugänglicher, trockener, wind- und regendichter Witterungsschutz zur Verfügung stehen. Die Esel müssen grundsätzlich vor Durchnässung geschützt werden, vor allem Fohlen und Jungtiere.

Schutzhütten sind genehmigungspflichtig. Je besser sich der Witterungsschutz in die Landschaft einfügt, desto größer sind die Chancen, bei der Bauge-

▼ Der Eselbesitzer muss sich auf die Sicherheit der Umzäunung verlassen können.

nehmigungsbehörde damit durchzukommen. Am besten errichtet man den Unterstand an einer geschützten Lage, zum Beispiel in einer Baumgruppe oder am Rande eines Gehölzes. Die geschlossene Rückwand sollte möglichst gegen die Wetterseite, meistens Nordwest, ausgerichtet sein. Wird ein festes Bauwerk nicht genehmigt, gibt es Weidezelte, Weidelglus und fahrbare Weidehütten als Alternative.

Der Witterungsschutz muss zugfrei, wind- und regendicht sein. Werden die Tiere mehrtägig auf der Weide gehalten, so gelten für die Größe des Unterstandes dieselben Maße wie für Ställe. Ein trockener Boden im Unterstand ist Pflicht und der Entstehung von Morast in dessen Umgebung ist vorzubeugen. Auch in Weideunterkünften sollte darauf geachtet werden, dass die Tiere sich nicht gegenseitig in die Enge treiben oder die Zugänge versperren können. Kranke und verletzte Tiere müssen gesondert und geschützt untergebracht werden.

Wasserversorgung auf der Weide

Wider Erwarten macht gerade der Weidegang die Esel sehr durstig. Befindet sich ein fließendes Gewässer innerhalb der Weide, können sie ihren Wasserbedarf dort decken. Der Zugang zu Fließgewässern muss eventuell mit Kies oder Paddockplatten befestigt werden, da diese Stellen schnell verschlammen und die Esel dann das stehende, oft bakteriell verseuchte Wasser vom Rande trinken. Eine Wasserentnahme aus geeigneten Gewässern mit Hilfe von Weidepumpen ist deshalb vorzuziehen. Der Eselhalter muss aber sicherstellen, dass seine Tiere die Pumpe auch benützen.

Es empfiehlt sich, durch Wasseranalysen periodisch die Qualität von Trinkwasser aus offenen Gewässern zu überprüfen. Wird das Wasser in Wannen oder Trögen angeboten, muss es täglich gewechselt und nicht bloß nachgefüllt werden. In den Behältern bilden sich schnell Algen, vor allem an heißen Tagen und sonnigen Standorten. Eine fleißige Reinigungspraxis ist angezeigt, sonst wird das Wasser sehr schnell ungenießbar für die Tiere.

Unterhalt der Weide

Die anfallenden Arbeiten rund um die Weide sind abhängig von deren Größe und Bewirtschaftungsart. Der minimale Pflichtunterhalt für jede Art von Bewirtschaftung besteht aus Kotabsammeln und dem Durchführen von Reinigungsschnitten.

Der Eselkot enthält eine Vielzahl von Wurmeiern und Larven. Nicht einmal extreme klimatische Verhältnisse vermögen diese Parasiten abzutöten. Mindestens zweimal die Woche muss deshalb der Mist von der Weide entfernt werden, weil sonst die Wiese in Kürze vollständig verseucht wird. Auf den abgeweideten Koppeln bleiben immer allerlei Pflanzen stehen, die von den Eseln verschmäht werden und auch in der Umgebung von Mistplätzen wird nicht sauber abgefressen. Ein bis zwei Reinigungsschnitte pro Saison verbessern die Wachstumsbedingungen für junge Gräser und erhalten die Weide in einem gepflegten Zustand.

Die wichtigste Weidepflege und Gesundheitsvorsorge ist das regelmäßige Absammeln von Kothaufen!

Wer sich als Hobbylandwirt betätigen möchte und genügend Boden zur Verfügung hat, wird die Heugewinnung selber übernehmen. Natürlich ist in diesem Fall ein ansehnlicher Ertrag erwünscht und ein professionelleres Bestellen des Bodens nötig. Nach dem letzten Frost wird mit einer Wiesenwalze die Grasnarbe eingeebnet. Ebenfalls im zeitigen Frühjahr, wenn der Boden trocken ist, entfernt man mittels Abschleppen Laub, Moos, altes Gras und ebnet die Erdhügel von Mäusen und Trittschäden ein. Nach diesem „Bürsten" erhält die Grasnarbe wieder Licht und Luft. Walzen und Abschleppen werden meistens von einem Bauern gegen Lohn verrichtet.

Von Zeit zu Zeit benötigt die Wiese eine Nachsaat. Empfehlungen für ideale Samenmischungen gibt der Landhandel ab, wo auch spezielle Zusammensetzungen von Saatgut für Pferdeweiden zur Auswahl stehen. Schließlich sollte der Boden auch mit Nährstoffen versorgt werden. Düngen muss nicht primär den Ertrag steigern sondern bestehende Mangelerscheinungen im Boden ausgleichen, damit die Artenvielfalt der Pflanzen erhalten bleibt. Gut verrotteter Kompost wäre ein vorteilhafter Volldünger, steht aber nicht immer zur Verfügung. Kommen gekaufte Düngerprodukte zum Einsatz, bedarf es einer fachmännischen Beratung.

Pferde- oder Eselmist sollte auf der Eselweide nicht ausgebracht werden, da er infektiöse Wurmeier und Larven enthält.

▲ Die Esel brauchen nicht nur Schutz vor Wind und Regen, sondern auch vor Sonne und Insekten. In unseren Breiten reichen Bäume als Witterungsschutz nicht aus.

▲

Martina-Franca-Esel

In den Adern dieses muskulösen Riesen fließt das Blut der Katalanen, welche zur Zeit der Spanischen Besatzung intensiv eingekreuzt wurden. Trotz seines eher leichten Körperbaus ist der Martina Franca ein kräftiger Esel mit langen, stämmigen Beinen. Sein Fell ist dunkelbraun bis schwarz und an Maul, Bauch, Beininnenseite sowie rund um die Augen ist er grau.
Der Asino di Martina Franca stammt aus Puglia, einem Bezirk in Süditalien. Er war beliebt für Einsätze in steinigem Gelände, als Reittier der Armee und in der Maultierzucht. Nach dem ersten Weltkrieg ging der Bestand dieser Rasse rapide zurück und sie drohte auszusterben. Seit 1925 besteht ein staatliches Zuchtprogramm. Echte Martina Franca Esel sind mit drei Brandzeichen gekennzeichnet.

	♂	♀
Widerristhöhe (cm)	135–155	> 127

Amiata-Esel

Der Amiata fällt durch seine ausgeprägte Fellzeichnung auf. Beinstreifung, Aalstrich und Schulterkreuz heben sich sehr schön von seinem grauen Fell ab. An Bauch, Maul und rund um die Augen ist er hell und die weißen Haare an den Innenseiten der Ohren werden durch schwarze Umrandungen eingefasst. Dieser Esel wird als gutmütig und geduldig, aber auch als unnachgiebig beschrieben. Seine Gelenkigkeit erlaubt ihm Zutritt zu schwierigstem Gelände, wo er dank großer Widerstandsfähigkeit, Genügsamkeit und Ausdauer auch überlebensfähig ist.
Der Asino dell' Amiata stammt aus der Gegend des Monte Amiato, einem Berg im Hinterland von Grosseto an der Ostküste Italiens.

	♂	♀
Widerristhöhe (cm)	130–140	125–135

▼

▲

Sardinischer Esel

Der sardinische Esel ist ein stämmiges Tier mit kräftigen Gelenken. Sein dickes, mausgraues Fell ziert ein Schulterkreuz, ein Aalstrich und ab und zu trägt er auch Beinstreifen. Seine Ohren sind dunkel umrandet und an Maul, Bauch und Beininnenseite ist er hell. Der kleine Asino Sardo ist ein robuster und genügsamer Esel – ein solider Zeitgenosse mit sanftem Gemüt. Er wird oft mit dem Nubischen Wildesel verglichen.

Dieser Esel war zeitlebens das Arbeitstier der italienischen Mittelmeerinsel Sardinien. Als Wassertransporteur oder Feldarbeiter, als Lasttier auf unwegsamen Pfaden oder als Mühlenesel, er verrichtete schlicht sämtliche Arbeiten, die auf der Insel anfielen. Auserlesene kleinwüchsige Tiere wurden exportiert und bildeten die Grundlage der Minieselzucht.

	♂	♀
Widerristhöhe (cm)	80–115	80–115

Asinara-Esel

Der Asinara-Esel besitzt als charakteristisches Merkmal ein weißes Fell und blaue, irisfarbene oder rote Augen, was auf eine Form von Albinismus zurückzuführen ist. Auch seine Hufe sind weiß, klein und empfindlich. Im Gegensatz zu allen anderen Eseln soll der Asino dell' Asinara einen eher unsicheren Gang und ein ebensolches Temperament besitzen.

Die weißen Esel sind die Besonderheit der gleichnamigen italienischen Mittelmeerinsel, die nördlich von Sardinien liegt und zum Nationalpark erklärt wurde. Die Esel leben dort in freier Wildbahn. Gezähmt und zur Arbeit herangezogen wurden diese Tiere nie.

	♂	♀
Widerristhöhe (cm)	80–105	80–105

▼

Fütterung

▶ Esel wenden vielfältige Tricks an, um an ihr Futter zu gelangen.

Esel sind esslustig und nimmersatt und wiederum liegt der Grund dafür in ihren wildlebenden Vorfahren, deren größter Teil des Lebens von der Nahrungssuche geprägt war:

- Sie mussten auf der Futtersuche weite Strecken zurücklegen und waren dadurch ständig in Bewegung.
- Um den täglichen Nahrungsbedarf in den kargen Gegenden zu decken, mussten sie fast rund um die Uhr fressen.
- Damit sie alle auffindbaren Futterpflanzen nutzten konnten, war eine große Anpassungsfähigkeit nötig.
- Zur optimalen Verwertung der kostbaren Nahrung hat sich ein Verdauungssystem mit hoher Verdauungseffizienz entwickelt.

Unsere Hausesel besitzen all diese Veranlagungen noch immer, nur sind sie leider nicht auf die hiesige Vegetation abgestimmt. Der Eselhalter muss demzufolge gut aufpassen, dass seine Tiere nicht verfetten aber trotzdem alle nötigen Nährstoffe bekommen, die sie brauchen. Um eine ausgewogene Fütterung zu prüfen, sollte der Betreuer seine Esel stets kritisch betrachten und ihren Futterzustand mit einem Griff in den Mähnenkamm und über die Rippen regelmäßig beurteilen. Ein glänzendes Fell und ein frohes Gemüt dazu bestätigen schließlich seine korrekte Fütterungspraxis.

Ein Eselhalter muss seine Tiere ständig kritisch beobachten, denn „das Auge des Besitzers füttert den Esel"!

Wie frisst und verdaut der Esel?

Berücksichtigt man die Futterverwertung und natürliche Ernährungsgewohnheiten der Esel, lassen sich Fütterungsfehler und die damit verbundenen Erkrankungen weitgehend vermeiden.

Gebiss und Nahrungsaufnahme

Der Esel entwickelt als erstes ein Milchzahngebiss. Im Alter von neun bis elf Monaten besitzt das Eselfohlen 24 Milchzähne, bestehend aus je sechs Schneide- und Backenzähnen im Ober- und Unterkiefer. Den hinteren Backenzähnen (Molaren) gehen keine Milchzähne voraus.

Zwischen dem zweiten und dritten Altersjahr beginnt der Zahnwechsel mit dem Durchstoß der permanenten Schneidezähne. Mit vier bis fünf Jahren ist dann das Gebiss des Esels vollständig ausgebildet. Bei männlichen Tieren besteht es insgesamt aus 40 bis 44, bei weiblichen aus 36 bis

▶ Vollständiges Gebiss eines erwachsenen männlichen Esels.

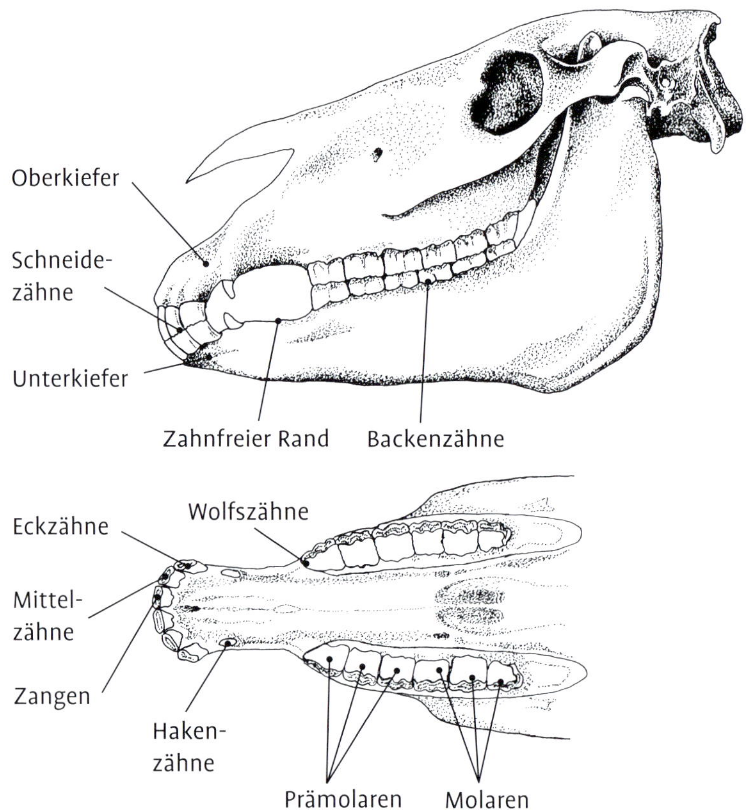

40 Zähnen. Die verschiedenen Teile des Gebisses werden wie folgt benannt:

- Schneidezähne: Zangen, Mittelzähne und Eckzähne.
- Backenzähne: Prämolaren und Molaren.
- Wolfszähne: Kommen nicht immer vor, vereinzelt auch nur im Oberkiefer.
- Haken- oder Hengstzähne: In der Regel nur bei männlichen Tieren.
- Zahnfreier Rand oder Lade.

Esel sind Pflanzenfresser und haben ein sehr selektives Nahrungsaufnahmeverhalten. Zuerst beurteilen sie mit den Nüstern den Geruch des Futters, dann tasten sie es mit der beweglichen Oberlippe ab und dann erst nehmen sie es auf. Die Esel besitzen kräftige Kiefer und Zähne um Raufutter zu rupfen und zu zermalmen. Der bewegliche Unterkiefer führt dabei seitliche und rotierende Kauschläge aus – pro Minute 60 bis 80 Mal. Dieses intensive Kauen regt die Speicheldrüsen zur Produktion des wichtigen Speichels an, der wiederum das Abschlucken und Hinuntergleiten des Futters erleichtert, sowie die anschließende Magenverdauung günstig beeinflusst. Um 0,5 kg Heu zu fressen, benötigt ein Esel 20 bis 30 Minuten.

Verdauung

Mit der Magenverdauung beginnt der eigentliche Verdauungsprozess. Der Esel besitzt einen einhöhligen Magen, der auf die ständige Aufnahme kleiner Futtermengen ausgelegt ist. Ein Schließmuskel am Eingang sorgt dafür, dass die Nahrung nur portionenweise hineingelangt. Dieser Muskel ist auch verantwortlich, dass Esel sich nicht erbrechen können.

Im Verhältnis zum Darm ist der Magen mit einem Fassungsvermögen von lediglich etwa neun Litern ziemlich klein. Im Magen wird der Futterbrei von Bakterien in Zucker und Stärke zerlegt. Nach etwa ein bis maximal fünf Stunden wandert der Mageninhalt in den ungefähr 20 Meter langen Dünndarm, wo auch das Sekret der Bauchspeicheldrüse, des Pankreas, und die Gallenflüssigkeit hinzukommen. Eiweiß, Fette und Kohlenhydrate werden hier verdaut und resorbiert.

▼ Schematische Darstellung des Verdauungstraktes beim Esel.

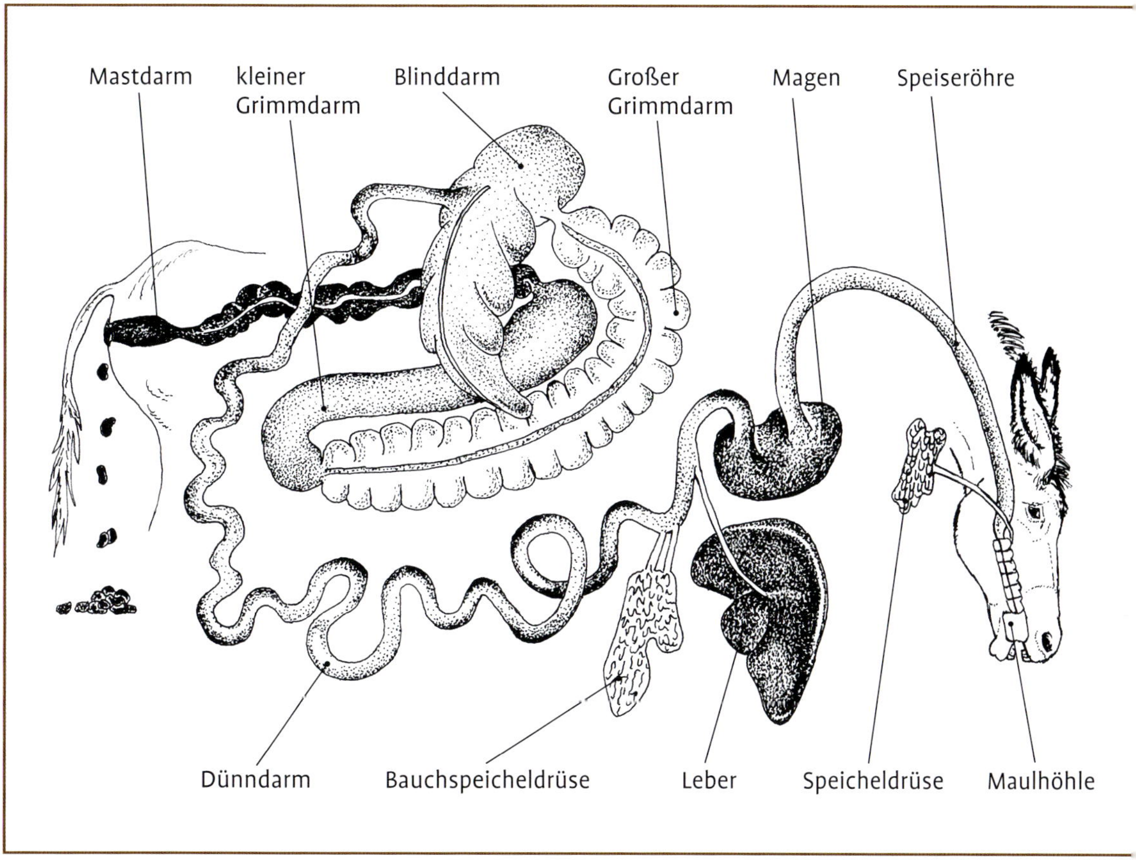

Koliken auf einen Blick

Bezeichnung	Was geschieht dabei?	Worin liegen die Ursachen?
Schlundverstopfung	Hängenbleiben von Futter in der Speiseröhre.	Trockenes, pelletiertes Futter. Ungenügende Einspeichelung durch hastiges Fressen.
Magenüberladung	Starke Überfüllung des Magens mit Futter, Flüssigkeit oder Gas.	Gieriges Fressen auf Grund unregelmässiger Fütterung oder Futterneid. Aufnahme von zu großen Futtermengen. Verdorbene Futtermittel.
Krampfkolik	Krampfartiges Zusammenziehen der Darmwandmuskulatur.	Stress, falsche Futtermittel, Würmer, Wetterwechsel
Anschoppungskolik Darmanschoppung	Der Darminhalt sammelt sich in einem beliebigen Darmabschnitt an, trocknet ein und verstopft den Durchgang	Bewegungsmangel. Aufnahme von zuviel Stroh. Fressen von Stalleinstreu. Mangelnde Wasseraufnahme. Zahnprobleme, Würmer.
Windkolik Darmblähung	Fehlgährung im Darm. Die Darmflora wird gestört und Bakterien sterben ab.	Schlecht verdauliches Futter. Schimmliges, verdorbenes Futter oder Giftpflanzen. Jäher Futterwechsel. Folge einer Anschoppung.
Darmverlagerung Darmverdrehung Darmverschluss	Lageveränderung, Drehung, Verschlingung, Einklemmung oder Knickung des Darmes. In der Folge möglicher Unterbruch des Blutkreislaufs.	Fehlgährung, Anschoppung. Würmer.
Wurmkolik	Darmverstopfung mit Würmern. Entzündete Darm- oder Magenwand durch Parasiten. Nervenschädigung der Darmwand durch Parasiten.	Parasiten

Eine Besonderheit beim Esel ist die fehlende Gallenblase. Der Gallensaft wird kontinuierlich aus der Leber in den Darm eingeleitet. Bereits etwa nach 1,5 Stunden hat der Futterbrei den Dünndarm passiert und wird in den Blinddarm eingespritzt. Hier und im nachfolgenden Grimmdarm zersetzen Bakterien und Mikroorganismen die Zellulose aus dem Raufutter und alles Übrige, was bis dahin unverdaut geblieben ist. Blind- und Grimmdarm werden auch Gärkammern genannt. Sie besitzen mit zwei Dritteln des gesamten Verdauungstraktvolumens das grösste Fassungsvermögen, was äußerlich auch am Heu- oder Grasbauch ersichtlich wird.

Welche Art von Mikroorganismen dort anwesend ist und wie stark sich diese vermehren können, hängt von der Qualität und Menge des Futters ab. Es ist deshalb in der praktischen Fütterung außerordentlich wichtig, dass es zu keiner plötzlichen Umstellung kommt. Die Darmflora ist sehr störanfällig und kann sich nur langsam anpassen.

Der Nahrungsbrei liegt bis zu 48 Stunden im großen Darmtrakt, bevor alles vollständig verdaut, eingedickt und als die typisch geformten Eseläpfel über den Mastdarm ausgeschieden wird.

Verdauungsstörungen

Bei Anzeichen einer Kolik ist umgehend der Veterinär zu verständigen.

Die komplizierten Vorgänge im Verdauungssystem des Esels lassen erahnen, dass auch eine gewisse Störanfälligkeit bestehen kann. Werden jedoch ein paar wichtige Grundsätze beachtet und die Fütterungspraxis entsprechend angepasst, ist das Risiko von Verdauungsstörungen eher klein. Tritt dennoch eine ein, so spricht man von Kolik. Koliken sind sehr gefürchtet und manchmal ist schnelles und korrektes Handeln überlebenswichtig (siehe auch Tabelle Seite 56 und Seite 91: Krankheiten erkennen und behandeln).

Grundsätze zur Verhinderung von Verdauungsstörungen:

- Häufiges Füttern kleiner Mengen.
- Vermeiden abrupter Futterwechsel.
- Verhindern von Stress und Konflikten während der Nahrungsaufnahme.
- Artgerechte Futtermittel wählen.
- Nur qualitativ einwandfreies Futter anbieten.
- Stroh in mäßigen Mengen füttern.
- Regelmäßige Zahnkontrollen und Wurmkuren durchführen.

Welches Futter braucht ein Esel?

Esel sind bekannt als genügsame Kostgänger, was auch zutreffend ist. Dies will aber nicht heißen, dass sie keine Ansprüche an die Qualität der Futtermittel stellen!

Grundfutter

Heu. Die wichtigste Futtergrundlage für den Esel ist das Heu. Es fördert die Speichelproduktion, hält Magen und Darm in Schwung und entlastet den Stoffwechsel. Heu ist auch für den Seelenfrieden des Esels wichtig, denn in freier Wildbahn sind die Tiere fast pausenlos mit Fressen beschäftigt, im Stall hingegen verläuft die Nahrungsaufnahme im Zeitraffer. Das Knabbern am Heu dient also nicht nur der Ernährung, sondern es stellt auch eine sinnvolle Beschäftigung dar.

Heu beurteilen

Beurteilung von:	**Gut**	**Schlecht**
Farbe	Grasähnlich, frisch-grün	Verblasst, braun, schwarz, schimmlig
Geruch	Aromatisch, frisch	Brandig, muffig, faulig
Gefüge	Stengel- und Blattanteil gleich, griffig, rau	Weich, klamm, blattlos, holzig, sperrig
Verunreinigungen	Staubfrei, keine Fremdbestandteile	Erdklumpen, Steine, Stallmistreste, Nagerkot
Zusammensetzung	Gräser, Kräuter	Klee, Unkräuter, Giftpflanzen
Schnittzeitpunkt	Gegen Ende der Grasblüte	Sehr früh oder sehr spät

Heu bildet die Grundlage jeder gesunden Eselfütterung.

Doch Vorsicht! – Nicht jedes Heu ist für Esel geeignet. Die Güte von Heu kann sehr unterschiedlich ausfallen und wird vorwiegend bestimmt durch:

- Bodenbeschaffenheit,
- botanische Zusammensetzung,
- Düngung,
- Schnittzeitpunkt,
- Ernteart und Ernteverlauf am Wuchsort,
- Lagerort und Lagerdauer.

Mit fortschreitendem Wachstum der Pflanzen steigt ihr Rohfasergehalt an, dafür nehmen Energie- und Eiweißgehalt ab. Bei sehr frühem Erntezeitpunkt wird demzufolge strukturarmes und eiweißreiches Heu gewonnen, was erhöhte Kolik- und Hufrehegefahr für die Esel bedeutet. Im Gegensatz dazu enthält überständiges Heu zu wenig, für die Bakterienflora des Dickdarms notwendiges Eiweiß und es drohen Verdauungsstörungen. Beim Mähen darf nicht zu bodennah geschnitten werden und nur sachgemäßes Wenden des Heus verhindert den Verlust von Blattmasse. Schließlich leistet auch das Wetter einen entscheidenden Beitrag zu einer erfolgreichen Heuernte. Wenn es letztendlich trocken eingebracht werden kann, spielt auch die Lagerung noch eine wichtige Rolle zur Erhaltung der Qualität. Ob sich schlussendlich das Heu für die Eselfütterung eignet, lässt sich wie in der Tabelle oben beurteilen.

Die Mehrheit der Eselhalter wird wohl kaum die Heugewinnung in eigener Regie bewerkstelligen, sondern sich beim Händler oder direkt beim Landwirt damit eindecken. Meistens kauft man für kleine Betriebe gepresste Ballen. Beim Aufschneiden eines Ballens sollte dieser in lockere Scheiben zerfallen, die sich gut aufschütteln lassen. Kommen verklebte, filzige und staubige Nester zum Vorschein, ist das

Heu verdorben und darf auch nicht als Einstreu verwendet werden. Heu von zweiten und folgenden Schnitten (Grummet, Emd, Öhmd) eignet sich nicht als Eselfutter. Ebenfalls nicht empfehlenswert sind Heucobs und Heupellets. Diese Produkte sind zwar weniger aufwendig in der Beschaffung und Lagerung, sie bieten jedoch all die Vorteile der Heufütterung nicht und haben oft auch einen sehr hohen Rohproteingehalt.

Frisches Heu darf erst nach Ablauf von 8 bis 12 Wochen, nach der sogenannten Schwitzphase, verfüttert werden.

Stroh. Stroh in Futtermittelqualität dient gleichermaßen als Einstreu und als Knabberfutter. Des hohen Rohfasergehaltes wegen ist es jedoch schwer verdaulich und sollte deshalb nur in begrenzter Menge aufgenommen werden. Bei notorischen Strohfressern ist das Risiko von Verstopfungskoliken sehr groß. Egal ob als Futter oder Einstreu verwendet – die Quali-tät muss wie beim Heu stimmen. Sobald ein Strohballen graue Filznester oder rötliche Flecken aufweist, ist er von Pilzsporen durchzogen und sollte komplett entsorgt werden.

Am häufigsten wird Weizenstroh verwendet, dicht gefolgt von Gerstenstroh. Roggenstroh soll weniger gern verzehrt werden, weil es sehr harte und bitter schmeckende Stängel besitzt und Haferstroh muss speziell auf gute Durchtrocknung überprüft werden. Ebenfalls mehr Zeit für die Trocknung benötigt das biologisch angebaute Stroh, denn es weist einen hohen Grasanteil auf. Dafür hat es den Vorteil, dass es nicht mit Chemikalien belastet ist.

Weidegras. Die natürlichste Art der Nahrungsaufnahme für Esel ist das Grasen. Allerdings gibt es ein paar Einschränkungen, damit die Esel den Weidegang schadlos genießen können. Da sich ihre empfindliche Darmflora nur sehr langsam auf Veränderungen umstellen kann, müssen sie zu Beginn der Weidesaison schrittweise ans Grünfutter gewöhnt werden. In den ersten Tagen lässt man die Esel nur 15 bis 20 Minuten grasen, und weitere 7 bis 14 Tage lang nur 30 Minuten bis maximal eine Stunde. Im Frühjahr sollte vor dem Weidegang jeweils grobes Heu oder Stroh angeboten werden, damit der größte Heisshunger bereits gestillt ist. Die Heuration muss dann mit der Verlängerung der Weidezeit entsprechend gekürzt, sollte aber nie ganz gestrichen werden.

Weitere Vorkehrungen, damit das Grasen dem Esel wohl bekommt, sind im Kapitel „Weideverfahren“ aufgeführt. Falls sich Esel mit stark unterschiedlichem Nahrungsbedarf gemeinsamen auf der Weide aufhalten, kann vereinzelten Tieren zur Verringerung der Futteraufnahme eine Fressbremse – ein spezieller Maulkorb – angezogen werden.

Der Nährwert von Futterpflanzen schwankt von Stunde zu Stunde. Besonders tückisch wirkt sich der Fruktangehalt im Gras aus. Fruktane sind langkettige Zuckermoleküle, mit denen die Gräser überschüssigen

Eine reine Grasfütterung ist für Esel ungeeignet. Den Tieren sollte mindestens einmal täglich faserreiches, energie- und proteinarmes Heu oder Stroh vorgelegt werden.

Zucker aus der Photosynthese speichern. Fruktan entsteht immer dann, wenn die Pflanze ausreichend Licht bekommt, aber die gewonnene Energie wegen Kälte oder Nährstoffmangel nicht ins Wachstum stecken kann. Fruktan ist für den Esel schwer verdaulich und gilt als Auslöser futterbedingter Hufrehe. Deshalb sollte an frostigen und gleichzeitig sonnigen Tagen auf den Weidegang verzichtet werden.

Schnittgras. Von Hand geschnittenes Gras muss frisch und knackig sein und darf nur in begrenzten Mengen vorgelegt werden. Um gierigem Schlingen vorzubeugen, vermischt man es vorzugsweise mit Heu oder Stroh.

1 kg Gras entspricht ungefähr 0,20 bis 0,25 kg Heu.

Rasenmähergras ist viel zu fein für die Esel und würde ohne Kauen geschluckt – mit Koliken als Folge. Es darf niemals gefüttert werden!

Silage. Je nach Trocknungsdauer un-terscheidet man Anwelk-Grassilage oder Heulage. Für hustende Esel und Stauballergiker ist die weniger feuchte Heulage mit 50 bis 60 % Trockensubstanz eine gute Alternative zu Heu. Silage stellt generell hohe Ansprüche an Umgang und Lagerung. Geöffnete Siloballen müssen im Winter innerhalb von vier Tagen, im Sommer sogar noch schneller verfüttert werden. Ist die Folie beschädigt, drohen Fehlgärungen, Schimmelpilz- und Bakterienbildung. Die Anwelk-Grassilage ist mit 35 bis 40 % Trockensubstanz zu feucht für Esel und darf nur mit Heu und Stroh kombiniert gefüttert werden. Die Nass-Silage für Kühe dürfen Esel überhaupt nicht bekommen.

Zusatzfutter

Getreide. Normalerweise brauchen Esel kein spezielles Zusatzfutter außer Mineralien. Auf energie- und eiweißreiche Futtermittel kann, bis auf ein paar Einzelfälle, verzichtet werden. Eine Gabe kleiner Mengen Getreide ist angezeigt:

- bei hoher körperlicher Beanspruchung,
- wenn starke Minustemperaturen herrschen,
- falls altes und nährstoffarmes Heu gefüttert wird,
- wenn ein Esel abgemagert und in schlechter Verfassung ist,
- für alte Esel,
- für säugende (nicht tragende!) Stuten,
- für Esel, die sich im Wachstum befinden.

Grundsätzlich wird immer zuerst das Heu gefüttert, und dann erst das Zusatzfutter.

Zur Auswahl stehen verschiedene Getreidesorten oder Mischfuttermittel auf Getreidebasis. Hafer gilt seines hohen Schleimgehaltes und der leicht abbaubaren Stärke wegen als das verträglichste Getreide für den Eselorganismus. Die Futtermittelindustrie wartet mit einer Vielzahl von Spezialmischungen (Müslis) auf, die auch bereits alle nötigen Mineralien und Vitamine enthalten. Da aber die Konzentration dieser wertvollen Beimischungen für große Pferdeportionen berechnet ist und der Esel nur Miniportionen davon erhält, kann sein Vitamin- und Mineralstoffbedarf nicht über solche Mischfuttermittel gedeckt werden.

Holz. Um das Nagebedürfnis der Esel zu stillen, sollte man ihnen regelmäßig Holz in Form von Borke und Zweigen aus Weide, Birke, Hainbuche (keine Rotbuche!), Obstbäume, Hasel, etc. zum Knabbern anbieten. Von Ziergehölzen ist dringend abzuraten, da viele von ihnen giftig sind.

Obst und Gemüse. Esel mögen Äpfel, vertragen sie aber nicht in großen Mengen. Sie sollten sie nur als einzelne Leckerei bekommen. Stehen Apfelbäume auf der Koppel, muss das Fallobst entfernt werden. Einerseits fressen die Esel zuviel davon, andererseits können Wespen im Fallobst sitzen und die Esel beim Fressversuch ins Maul stechen.

Möhren eigenen sich gut als Futterzusatz im Winter, wenn das Gras fehlt. Anhaftende Erde muss man abbürsten oder abwaschen. Faulige oder schimmlige Möhren müssen schnellstens aussortiert werden, da sie in kürzester Zeit den Rest des Sackes anstecken. Vorsicht, nie gefrorene Möhren verfüttern, es besteht Kolikgefahr!

Ebenso wenig gehören Küchenabfälle, Schnittgut aus dem Garten und andere Reste in die Futterkrippe.

Brot. Gut getrocknetes Brot ist ein willkommener Leckerbissen für die Esel. Es darf aber nur in kleinen Mengen, zum Beispiel als Leckerli-Ersatz, angeboten werden.

Mash. Mash ist ein diätetisches Ergänzungsfutter mit Leinsamen, Weizenkleie und gequetschtem Hafer. Früher wurde es aufwendig eingeweicht und gekocht, heute gibt es Mash in „Instant-Form“ und braucht nur noch mit heißem Wasser angerührt zu werden. Es findet bei Verdauungsproblemen, Schwerfuttrigkeit, Kauproblemen, Kolikanfälligkeit und Rekonvaleszenz Anwendung und wird handwarm verfüttert. Manche Esel akzeptieren das feuchtwarme Futter anfänglich nicht, „Kenner“ hingegen sind ganz wild darauf. Einmal pro Woche, vor allem im Winter und im Fellwechsel ist es der Verdauung sicherlich zuträglich und tut auch jedem gesunden Esel gut.

Salz und Mineralien. Heu, Gras, Stroh und Getreide vermögen die Esel nicht ausreichend mit Salz und Mineralien zu versorgen. Die Tiere sollten deshalb täglich eine extra Dosis Mineralfutter bekommen. Die hoch konzentrierten Mineralfuttermittel für Pferde können im Fachhandel oder beim Tierarzt besorgt werden. Natürlich muss man die Menge auf das Eselgewicht abstimmen. Ein Messlöffel liegt jeweils der Packung bei. Zusätzlich gehört in jeden Stall und auf jede Koppel ein Salzleckstein. Diese werden ebenfalls im Fachhandel mit den dazu passenden Halterungen angeboten. Salzlecksteine sollten in der Nähe der Tränke angebracht werden und für Fohlen wegen des damit verbundenen Durchfallrisikos nicht erreichbar sein.

Vorsicht Giftpflanzen!

Esel sind von Natur aus gewohnt, auch weniger gut schmeckende Pflanzen zu verzehren. Deswegen kann man sich nicht darauf verlassen, dass sie giftige Pflanzen instinktiv meiden und muss sich bei „Knabberpausen“ am Wegrand entsprechend vorsehen. Die meisten pflanzlichen Vergiftungen sind begleitet von Durchfall, Kolik, Krämpfen, Verfärbung von Harn und Kot, Speichelfluss, Schwindel, Taumel, Lähmungen, Erregungszuständen, Muskelzittern, Atemnot und Apathie.

Die gefährlichste aller Giftpflanzen ist die Eibe – ein Zweig (100 g) genügt, um ein Pferd zu töten! Weitere, sehr giftige Gewächse sind: Goldregen, Buchsbaum, Robinie, Thuja, Heckenkirsche, Tollkirsche, Eichenrinde und Eicheln.

Die häufigsten giftigen Weidepflanzen sind Hahnenfuß, Goldhafer,

▼ Das Grasen ist die natürlichste Ernährungsweise für die Esel, funktioniert aber nur in der Vegetation ihrer Ursprungsgebiete ohne einschränkende Maßnahmen.

Sumpfschachtelhalm, Gundermann, Adlerfarn, Adonisröschen, Eisenhut, Johanniskraut, Schierling, Herbstzeitlose und alle Kreuzkrautarten. Normalerweise werden sie auf der Weide gemieden, im Heu aber mitverzehrt. Nur der Hahnenfuß verliert seine Schädlichkeit beim Trocknen, in allen anderen Pflanzen bleiben die Giftstoffe erhalten.

Eine detaillierte, bebilderte Giftpflanzenliste für Esel und Pferde kann bei der IGEM (Interessengemeinschaft für Esel- und Mulifreunde in Deutschland e. V.) oder bei der SIGEF (Schweizerische Interessengemeinschaft Eselfreunde) bezogen werden (Adressen siehe Seite 108).

◀ Esel benötigen Holz als Bestandteil einer artgerechten Ernährung. Borke und Äste knabbern ist kurzweilig und hält ihre Verdauung in Schwung.

Wieviel Futter braucht ein Esel?

Überreichliches Futter ist zweifellos gut gemeint, wirkt sich aber schlecht auf die gesamte Gesundheit des Esels aus. Ausschlaggebend für die Futtermenge, die ein Esel braucht sind:

- Körpergewicht,
- Futterverwertungstyp,
- Arbeitsleistung,
- Alter,
- Klima.

In der Regel kommen die Esel mit dem Erhaltungsbedarf zurecht. Darunter versteht man den Mindestbedarf an Futter zur bloßen Aufrechterhaltung von Gewicht, Körpertemperatur, Kreislauf und der Arbeit aller Organe. Eingeschlossen sind dabei auch ein Spaziergang oder das Austoben im Paddock.

Fütterungszeiten

Da der Esel von Natur aus ein Dauerfresser ist, sollte er seine Tagesration in möglichst vielen kleinen Portionen erhalten.

Fehlt der Futternachschub für längere Zeit, greifen die kontinuierlich fließenden Verdauungssäfte anstatt des Futterbreis die Magenschleimhaut an und es besteht die Gefahr, dass sich Magengeschwüre bilden. Überdies droht Kolikgefahr, weil die Esel ihr Futter möglicherweise viel zu gierig verschlingen, wenn sie lange nichts mehr bekommen haben.

Esel müssen mindestens dreimal täglich gefüttert werden.

Faustregel für den Erhaltungsbedarf eines Esels:
Heu: 1 bis 1,5 kg pro 100 kg Körpergewicht pro Tag.
Stroh: 0,5 bis 0,8 kg pro 100 kg Körpergewicht pro Tag.

Wasser

Frisches, sauberes Trinkwasser sollte jederzeit ausreichend vorhanden sein. Die benötigte Wassermenge schwankt stark und hängt von der Witterung, der Futterbeschaffenheit und der Körperleistung des Esels ab. Esel sind sehr wählerisch, was die Wasserqualität anbetrifft. Sie würden eher durstig bleiben, als minderwertiges Wasser zu trinken.

Falls die Wasserversorgung durch Selbsttränken erfolgt, müssen Neuzugänger im Stall genau beobachtet werden, um sicherzustellen, dass sie genügend trinken.

Wasserbedarf des Esels:
5 bis 10 Liter pro 100 kg Körpergewicht pro Tag.

▼ Die Esel vermeiden es nach Möglichkeit, in die Wasserstelle zu treten.

Verschiedene Möglichkeiten der Wasserversorgung auf einen Blick

Tränkeart:	Vorteile:	Nachteile:
Selbsttränken	Kein Wasserschleppen.	Tägliche Funktionskontrolle und Reinigung. Aufnahmemenge ist nicht kontrollierbar. Frostanfällig im Winter. Bei Eseln teilweise unbeliebt.
Fließender Brunnen	Kein Wasserschleppen. Bei den Eseln beliebt.	Aufnahmemenge ist nicht kontrollierbar. Wasserqualität der Quelle prüfen.
Stehender Brunnen	Kein Wasserschleppen. Bei den Eseln beliebt. Aufnahmemenge ist kontrollierbar.	Brunnen einmal täglich ganz entleeren, reinigen und wieder mit Frischwasser füllen.
Eimer	Gute Kontrolle über das Trinkverhalten. Wasser kann im Winter temperiert werden. Gute Akzeptanz bei Eseln.	Aufwändiges Eimerschleppen. Dreimal täglich tränken. Unfallgefahr, wenn die Eimer als Spielgeräte missbraucht werden (Eimerhenkel).
Natürliche Gewässer (See, Fluss)	Kein Wasserschleppen Natürliches Trinkverhalten.	Aufnahmemenge ist nicht kontrollierbar. Wasserqualität schwankt (Umweltgifte) und muss periodisch überprüft werden. Morastige, verschmutzte Zugänge.

Provence-Esel

Der Esel aus der Provence ist ein starker und stämmiger Vertreter seiner Art. Er ist mit kräftigen Gliedmaßen ausgestattet. Die Fellfarbe kann von dunklem Taubengrau bis hin zu Hellgrau variieren. An Maul, Bauch und Beininnenseite ist er weiß. Das typische Schulterkreuz und der Aalstrich sind deutlich ausgeprägt. Sein Charakter wird als gelassen, ruhig und geduldig umschrieben.
Der im Süden Frankreichs beheimatete Âne de Provence ist schon seit dem 15. Jahrhundert ein treuer Begleiter von Schafhirten auf ihren Sommerwanderungen durch die Alpen. Seine Trittsicherheit hat ihm die Bezeichnung „4 x 4 der Hirten" eingebracht. Anerkannte Rassetiere werden häufig mit normalen Hauseseln gepaart, sodass diese Einkreuzungen den reinblütigen Provence-Esel immer stärker verdrängen und sein Bestand dadurch ständig schrumpft.

	♂	♀
Widerristhöhe (cm)	120–135	117–130

▼

▲

Normandie-Esel

Der Normand ist ein mittelgroßer Esel mit robustem Körperbau. Sein Fell ist kastanienbraun. Er trägt ein Schulterkreuz und einen Aalstrich, manchmal auch Beinstreifung. Diese Eselrasse gilt als außerordentlich tragkräftig und vielseitig. In seinem Zuchtgebiet, dem Nordwesten Frankreichs, wurde der Âne Normand verbreitet in der Landwirtschaft eingesetzt. Vor allem in der dort dominierenden Milchproduktion fand er seinen festen Platz als Transportmittel für die schweren Milchkannen. 1997 wurde er zur offiziell anerkannten Rasse erklärt. Heute leistet er immer noch wertvolle Mithilfe auf den vielen kleinen Bauernhöfen in der Normandie und mittlerweile hat er auch einen festen Platz im Tourismusgeschäft eingenommen.

	♂	♀
Widerristhöhe (cm)	110–125	110–125

Berry-Esel

Der Berry ist ein harmonisch gebauter Esel von kräftiger Statur mit soliden Gliedmaßen. Sein Rassenstandard fordert ein einheitlich schwarzes Fell ohne Aalstrich, Schulterkreuz oder Beinstreifung. Maul, Augenringe und Bauch sind grauweiß. Diese gut entwickelte Nutzeselrasse ist von lebhaftem Temperament, aber dennoch willig und gutmütig. Das Zuchtgebiet des Grand noir du Berry liegt in Zentralfrankreich. Er ist die Nachzüchtung eines ehemals dort verbreiteten Eselschlags. Als Vorlage für den Zuchtstandard dienten historische Bilder. Früher wurde der Esel für Arbeiten in Feld und Weinbergen, als Wagenesel oder entlang der Kanäle zum Treideln der Schiffe eingesetzt. Erst 1994 wurde das Zuchtbuch des Berry-Esels eröffnet und die Rasse offiziell vom Nationalgestüt anerkannt.

	♂	♀
Widerristhöhe (cm)	135–145	min. 130

▼

▲

Poitou-Esel

Der Poitou besitzt einen außerordentlich stämmigen und massiven Körper. Die Farbe seines Fells ist gelbbraun bis schwarzbraun. Das auffälligste Rassenmerkmal ist sein langes und zottiges Haar, welches teilweise zu breiten Strähnen und Platten verfilzt. Die großen, offenen Ohren sind ebenfalls lang behaart. An Maul, um die Augen und an der Bauchunterseite ist er weiß. Aalstrich, Schulterkreuz oder Beinstreifung trägt er keine. Dieser Esel ist trotz der imposanten Erscheinung sehr empfindlich. Zahlreiche Poitous leiden an Erbkrankheiten. Mit einem Gewicht von über 400 kg wird er allgemein als schwerster Esel der Welt bezeichnet. Der Baudet du Poitou stammt aus dem mittleren Westen Frankreichs. Dort diente er Jahrhunderte lang in der Maultierzucht. Das Zuchtbuch besteht seit 1884 und ist somit das älteste, ununterbrochen geführte Zuchtbuch überhaupt. Im Jahr 1977 sank die Anzahl reinrassiger Poitou-Esel auf 44 Tiere. Heute hat sich der Bestand dank des Einsatzes von Züchtern und Verbänden wieder erholt.

	♂	♀
Widerristhöhe (cm)	140–155	135–145

Nachwuchs

▶ Die Eselmutter ist liebevoll, aber nicht übervorsichtig.

Eselfohlen gehören wohl zu den niedlichsten Tierkindern überhaupt. So ein süßes Fohlen im eigenen Stall zu haben, ist gewiss eine wunderschöne und unvergessliche Erfahrung, aber nicht Grund genug, eine Eselstute zu decken! Ein verantwortungsvoller Züchter setzt seinen Wunsch erst dann in Tat um, nachdem er sich allen Konsequenzen bewusst ist. Voraussetzungen für ein erfolgreiches und tiergerechtes Züchten sind:

- Der Wille, sich erforderliche Sachkenntnisse anzueignen.
- Eine gesunde Zuchtstute.
- Eine Zuchtstute mit korrektem Körperbau und gutem Charakter.
- Ein Hengst mit korrektem Körperbau und gutem Charakter.
- Ein Hengst, der in Größe und Statur zu der Stute passt.
- Eine geeignete Infrastruktur für die Mutterstuten- und Fohlenhaltung.
- Die Bereitschaft, das Fohlen mindestens acht Monate bei seiner Mutter zu lassen.
- Dem Fohlen das Aufwachsen mit gleichaltrigen Artgenossen zu ermöglichen.
- Das Fohlen zu erziehen und eventuell auszubilden.
- Das Fohlen nur an einen Platz mit gesichert artgerechter Haltung zu verkaufen.
- Die Akzeptanz zusätzlicher Tierarztkosten und größerem Pflegeaufwand.

Da 99 % aller Esel keiner Rasse angehören, existieren auch keine Zuchtbücher oder Abstammungsnachweise. Diese Umstände erschweren die Suche nach einem passenden Deckhengst oder einer guten Zuchtstute, und die bestehende Vielzahl verschiedener Eseltypen macht die Sache auch nicht gerade einfacher. Die IGEM bietet an ihren jährlichen Treffen eine Zuchtwertschätzung an, bei der die Esel durch autorisierte Personen bewertet werden. Zuchttaugliche Tiere trägt man im Stammbuch ein und sie erhalten das Prädikat „Deutscher Zuchtesel".

Wer die Möglichkeit nicht hat, seine Tiere an einer solchen Veranstaltung vorzustellen, der sollte zumindest seinen Tierarzt bitten, angehende Zuchtesel zu prüfen. Züchter, die mit ungeeigneten Tieren „vermehren", betreiben im Sinne des Tierschutzes Tierquälerei. Durch erbliche Belastung bedingte Schmerzen, Leiden oder Schäden beim Nachwuchs sind genauso zu verurteilen wie die umstrittenen Schönheits-Qualzuchten bei Rassetieren!

Fortpflanzung

Eselstuten können während des ganzen Jahres belegt werden. Die Fortpflanzungszeit sollte man jedoch in die jahreszeitlichen Rhythmen einbin-

den, sodass die Fohlen mit den zunehmenden Sonnenkräften des Frühjahrs aufwachsen dürfen.

Geschlechtsreife und Zuchtreife

Die Geschlechtsreife unserer Hauseselstuten tritt vielfach bereits in ihrem ersten Lebensjahr ein. In diesem Alter dürfen sie aber auf keinen Fall belegt werden! Eine Trächtigkeit vor dem dritten Lebensjahr verursacht Wachstumsdepressionen bei der Stute und hat schwächliche Fohlen zur Folge.

> Eselstuten dürfen frühestens im Alter von drei Jahren belegt werden.
> Eine Eselstute sollte nur alle zwei Jahre ein Fohlen bekommen.

Hengste werden in der Regel im Alter von sechs bis neun Monaten geschlechtsreif und im zweiten Lebensjahr sexuell aktiv. Ein einjähriger Eselhengst kann aber durchaus schon ein Fohlen zeugen. Eselhengste sollte man nur halten, wenn sie die Voraussetzungen zum Züchten erfüllen und auch zum Decken verwendet werden.

Rosse und Paarungszeit

Die Eselstute rosst während des ganzen Jahres im 21 bis 28 Tageintervall. Die Rosse dauert im Allgemeinen sechs Tage und der Eisprung findet gegen Ende der Rosse statt. Während des Winters verläuft die Rosse manchmal ohne Eisprung – ein natürlicher Schutzmechanismus, der Geburten zu einem schlechten Zeitpunkt verhindert. Eine Stute kann auch antizyklisch, nur durch den Anblick eines erregten Hengstes, paarungswillig werden.

Verhalten rossiger Stuten:
- Häufiges Rufen.
- Vermehrtes Absetzen von Harn.
- Harnabsetzen an unüblichen Stellen.
- Rhythmisches Öffnen und Schließen der Schamlippen mit Schleimabsonderung (Blitzen).
- „Rossigkeitsgesicht" bei Annäherung von männlichen Artgenossen.
- Vereinzelt Durchfall.

Verhalten von Hengsten (Wallachen) in Gegenwart rossiger Stuten:
- Beriechen von Harnstellen mit nachfolgendem Flehmen.
- Beriechen der Genitalien der Stute mit Flehmen.
- Aufreitversuche bei der rossigen Stute.
- Aggressiveres Verhalten und Rivalenkämpfe mit männlichen Artgenossen.
- Allgemein gesteigerte Aktivität und Erregung.

Der beste Termin für die Paarung ist das Frühjahr. Das Fohlen wird dann ein Jahr später in die üppigste Jahreszeit hineingeboren, was sich positiv auf ihre Milchleistung und Milchqualität der Stute auswirkt. Auch die zunehmende Kraft der Sonne und die ausgiebige Auslaufgelegenheit sind für die Fohlen optimal.

Deckakt

In der Regel wird die rossige Stute zum Hengst gebracht. Zuvor sollte der Tierarzt bei der Stute Scheidensekret zur Prüfung auf infektiöse Krankheitserreger entnehmen (Tupferprobe). Das Begegnen von Stute und Hengst muss an einem sicheren Ort stattfinden. Können sich die beiden erst einmal über einen Zaun beschnuppern, zeigt die Stute durch das Einnehmen der Harnstellung und „Blitzen" an, dass sie paarungswillig ist. So kann eine zu frühe Zusammenführung von Hengst und Stute vermieden werden.

Die Eselpaarung ist alles andere als romantisch. Bei der natürlichen Fortpflanzung findet vor dem Deckakt trotz der Bereitschaft der Stute eine wilde Treibjagd statt. Während die Stute nach dem Hengst auskeilt, jagt er sie unerbittlich vor sich her. Dieses „Vorspiel" kann von zehn Minuten bis zu einer Stunde dauern. Bleibt die Stute schließlich stehen, reitet der Hengst auf und beißt sich in ihrem Nacken fest. Die Stute zeigt dabei das typische Rossigkeitsgesicht. Nach der Kopulation uriniert sie, und der Hengst inspiziert ihren Harn und uriniert ebenfalls. Eine wiederholte Bedeckung im Abstand von einem Tag sichert den Erfolg.

Das Decken an der Hand wird aus Sicherheitsgründen dem Natursprung oft vorgezogen. Vielfach nehmen jedoch die unter Zwang belegten Stuten nicht auf. Auch künstlich besamte oder übergewichtige Eselinnen bleiben häufig erfolglos gedeckt.

Die Verpaarung von Eseln gestaltet sich oft schwieriger als erwartet.

▲ Dem Deckakt geht eine wilde Verfolgungsjagd voraus.

Naturgemäß trifft die Stute die Partnerwahl, indem sie den Hengst aufsucht.

Trächtigkeit

Bleibt die Rosse drei Wochen nach dem Hengstbesuch aus, hat die Stute mit großer Wahrscheinlichkeit aufgenommen.

Die Tragzeit der Eselstute beträgt theoretisch 12 Monate, schwankt aber in der Praxis zwischen 11 und 13 Monaten.

Großeselstuten können sogar nach 14 Monaten noch ein gesundes Fohlen zur Welt bringen. Die Tragzeit wird auch von der Ernährung und der Haltung beeinflusst. Gute Bedingungen verkürzen sie. In den letzten zwei bis drei Monaten vor dem Geburtstermin sollte die tragende Stute hochwertigeres Futter bekommen. Sie darf aber keinesfalls „gemästet“ werden. Eine tragende Stute braucht regelmäßig Bewegung, wobei man auf das Reiten in der zweiten Trächtigkeitshälfte verzichten sollte. Schwergeburten sind oftmals darauf zurückzuführen, dass die Muskulatur infolge von Bewegungsmangel die für den Geburtsverlauf notwendige Elastizität eingebüßt hat. Spaziergänge an der Hand sind ideal und festigen überdies die Beziehung zwischen Mensch und Tier, was hinsichtlich der bevorstehenden Geburt und des Zugangs zum Nachwuchs wichtig ist.

Den normalen Entwurmungsplan kann man während der Trächtigkeit beibehalten, nur die Wahl der Wurmmittel muss mit dem Tierarzt abgesprochen werden. Die Stute sollte kurz vor der Geburt nochmals eine geeignete Wurmkur bekommen.

Geburt

Eselstuten bevorzugen eine Geburt in ruhiger und ungestörter Umgebung. Die meisten Fohlen werden wohl aus diesem Grunde nachts geboren. Damit sich das Immunsystem der Stute anpassen kann, muss sie sich bereits vor der Geburt dort aufhalten, wo sie ihr Fohlen zur Welt bringen wird. Kurz vor der Geburt sollte man sie von den anderen Tieren trennen, ohne ihr aber Geruchs- und Sichtkontakt zu nehmen. Der Stall muss sorgfältig auf Gefahrenquellen hin wie kleine Schlitze und Öffnungen oder scharfe Kanten überprüft werden und dick eingestreut sein. Die Eselstute kann ihr Fohlen natürlich auch auf der Weide zur Welt bringen. Selbst im Schnee fanden schon Geburten statt.

Anzeichen der nahenden Geburt sind:

- Bildung harzähnlicher Tropfen an den Zitzen.
- Einfallende Beckenbänder.
- Prallwerden des Euters.

Anzeichen der unmittelbar bevorstehenden Geburt sind:

- Unruhiges Verhalten.
- Milchfluss aus dem Euter.
- Kopfwenden zum Bauch.
- Nervosität, Schwitzen, Zittern.
- Scharren.
- Wiederholtes Hinlegen und Aufstehen.
- Mehrmaliger Kot- und Harnabsatz.

Geburtsprobleme bei Eseln sind verhältnismäßig selten. Sicherheitshalber sollte man trotzdem die Telefonnummer des Tierarztes in Griffnähe behalten. Falls der Eselhalter der Geburt beiwohnt, ist Diskretion angesagt. Grelles Licht, Lärm oder fremde Personen können die Geburt verzögern und somit zur Gefahr werden.

Der Geburtsvorgang dauert unter Umständen mehrere Stunden. Mit der Eröffnungsphase setzen auch die Wehen ein. Der Geburtsweg wird zuerst durch das Hindurchpressen einer Wasserblase erweitert, erst dann tritt die Fruchtblase in Erscheinung und die Austreibungsphase beginnt. Bei einer normalen Geburt treten zuerst die ausgestreckten Vorderbeine mit dem darauf liegenden Kopf aus. Es kann durchaus vorkommen, dass sich

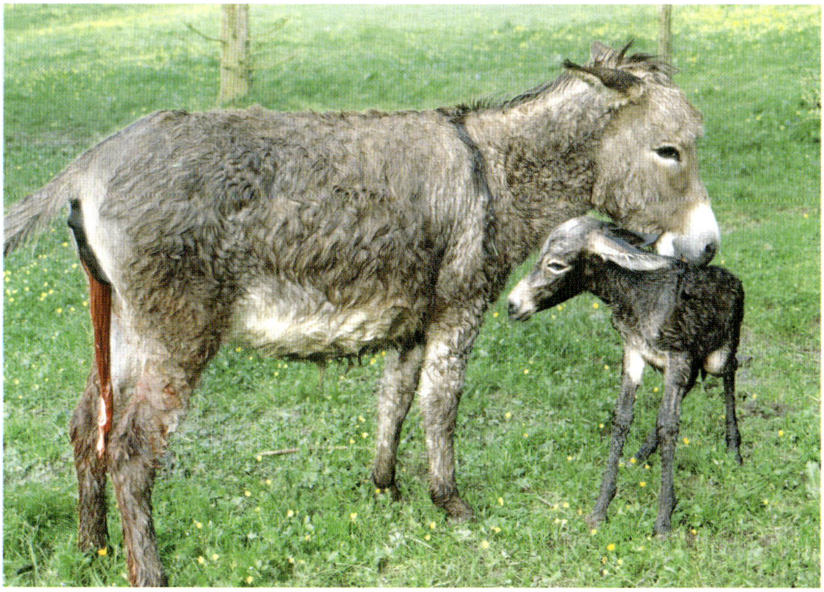

◀ Esel sind Nestflüchter. Kurz nach der Geburt müssen die Fohlen bereits in der Lage sein, den Geburtsort zu verlassen und mit der Stute mitzuwandern.

die Stute mit dem halb geborenen Fohlen erhebt und umhergeht. 10 bis 30 Minuten dauert es, bis das Fohlen vollständig ausgetrieben ist. Die Nabelschnur reißt von selbst. Gibt es keine Schwierigkeiten, kümmert sich die Stute sofort um ihr Neugeborenes und leckt es ab. Dadurch wird die Atmung angeregt, der Kreislauf belebt, das Fell getrocknet und die Mutter-Kind-Bindung aufgebaut. Das Fohlen seinerseits macht schon 30 Minuten nach der Geburt die ersten Aufstehversuche, die natürlich von zahlreichen Stürzen begleitet sind. Doch auch diese haben ihren Sinn, denn sie tragen ebenfalls zur Anregung der Atmung bei. Esel sind so genannte Nestflüchter – sie müssen in freier Wildbahn den Geburtsort so schnell wie möglich verlassen, damit keine Raubtiere angelockt werden.

Bis zu zwei Stunden nach der Geburt sollte auch die Nachgeburt abgegangen sein. Mit ihrer Entfernung aus dem Stall und dem Einstreuen von sauberem Stroh ist die Geburt dann überstanden.

Aufzucht des Fohlens

Eselmütter kommen mit ihrem Nachwuchs in der Regel ohne menschliche Hilfe zurecht. Die Aufgabe des Züchters ist es, eine optimale Infrastruktur bereitzustellen und seine Schützlinge aufmerksam zu beobachten, damit er bei Problemen unverzüglich handeln kann.

Ernährung

Eine Stunde nach der Geburt sollte das Fohlen auf seinen Beinen stehen und sich auf die Suche nach dem Euter der Mutter machen. Es ist für die Lebensumstände des Neugeborenen sehr wichtig, dass es die erste Muttermilch, die sogenannte Biest- oder Kolostralmilch, so bald wie möglich und ausreichend aufnimmt.

Die Kolostral- oder Biestmilch enthält hohe Zuckerkonzentrationen zur Ergänzung der geringen Energievorräte des Neugeborenen sowie Vitamine und lebenswichtige Schutzstoffe (Antikörper), die für das Fohlen eine medizinische Wirkung haben.

Mit dem Trinken von Kolostralmilch werden auch Magen und Darm auf die kommende Tätigkeit vorbereitet und der Abgang des Darmpechs gefördert. Treten Schwierigkeiten beim Säugen auf, empfiehlt sich das frühzeitige Hinzuziehen des Tierarztes.

Erst nach etwa drei Tagen hat die Milch ihre normale Zusammensetzung erreicht. Durchschnittlich saugt das Fohlen im ersten Lebensmonat etwa dreimal, im Alter von zwei bis drei Monaten nur noch einmal pro Stunde. In den ersten Tagen wird das Fohlen den Kot seiner Mutter verzehren. Dies ist normal und hilft ihm, seine eigene Darmflora aufzubauen und seinen Darm mit B-Vitaminen und Mikroorganismen zu impfen. Nach einigen Wochen beginnt es bereits, neben der Muttermilch am Gras und am Heu zu naschen. Spezielle Futtermittel für Fohlen sind in der Regel überflüssig. Der Salzleckstein sollte für Saugfohlen wegen Durchfallgefahr nicht erreichbar sein.

Haltung und Pflege

Nach der Geburt schirmt die Stute ihr Fohlen von Menschen und Artgenossen teils aggressiv ab. Der Züchter sollte jedoch ein so gutes Verhältnis zu seiner Stute haben, dass sie ihm den Zugang zu ihrem Nachwuchs erlaubt. Der Nabelstrang des Fohlens muss mit desinfizierten Händen noch während etwa zwei Tagen nach der Geburt mit Jodtinktur behandelt werden, damit keine Infektionskeime durch die Nabelöffnung eintreten können. Außerdem trocknet der Nabelstumpf dadurch besser ab.

Stute und Fohlen brauchen vom ersten Tag an ausreichend Bewegung an der frischen Luft. Nur ein Fohlen, das viel Auslaufmöglichkeit genießt, wird kräftig und gelenkig. Erst durch die Belastung beim Rennen und Springen werden nämlich Knorpel und Sehnen in ihre eigentliche Form gebracht.

Das erste Zusammenführen mit den anderen Herdengenossen muss aufmerksam beobachtet werden. Befindet sich ein Hengst in der Gruppe, besteht die Gefahr, dass er das Fohlen angreift und ernstlich verletzt.

Zu Beginn ist das Fohlen überwiegend auf seine Mutter fixiert. Nach einigen Tagen beginnt es, sich für Artgenossen zu interessieren, und nach ungefähr drei Wochen spielen Eselfohlen aktiv miteinander und trainieren dabei bereits fast das gesamte Verhaltensrepertoire der Erwachsenen, einschließlich Kampf- und Sexualverhalten.

Das Fohlen darf man schon einige Tage nach der Geburt bürsten, was eher der Gewöhnung an den normalen

Knapp zwei Wochen alt ist das Fohlen, und die staksigen, langen Beine versagen noch immer manchmal den Dienst.

Der Kontakt des Fohlens zum Muttertier sowie der Kontakt von Jungtieren zu artgleichen Gefährten ist für eine normale Entwicklung unbedingt erforderlich, weil sonst später Verhaltensstörungen auftreten können.

Umgang als der Körperpflege dient. Auch das Anheben der Hufe muss immer wieder geübt werden, denn der Hufschmied sollte beim nächsten Besuch bei der Stute auch die Hufe des Fohlens kontrollieren können. Allfällige Stellungsfehler sollte er im dritten oder vierten Lebensmonat korrigieren, denn beim Jährling kann es dafür bereits zu spät sein.

Mit vier Wochen muss das Fohlen zum ersten Mal entwurmt werden, danach alle sechs Wochen, bis es ein Jahr alt ist. Die Dosierung des Wurmmittels muss natürlich ständig seinem zunehmenden Gewicht angepasst werden. Der Tierarzt verordnet geeignete Mittel zur Entwurmung von Fohlen.

Probleme und Krankheiten

Kranke Fohlen liegen häufig und machen einen matten Eindruck. Bei Unpässlichkeiten sollte der Tierarzt lieber zu früh als zu spät gerufen werden. Die Körpertemperatur des Eselfohlens ist höher als die eines erwachsenen Esels.

Die normale Körpertemperatur während der ersten Lebenstage des Eselfohlens beträgt 38,8 °C, die von Jährlingen 38,2 bis 38,4 °C.

Künstliche Ernährung. Funktioniert aus irgendwelchen Gründen das Säugen nicht, muss das Fohlen künstlich ernährt werden. Gefrorene Stutenkolostralmilch ist zwar erhältlich, sie kann aber notfalls auch durch die Injektion eines Paraimmunitätsinducers ersetzt werden.

Die künstliche Handaufzucht mit Pferde- oder Babymilchpulver ist mühevoll, aber grundsätzlich möglich. Man benützt dazu eine sterilisierte Säuglingsflasche mit Schnuller. Die Temperatur der Milch muss exakt 39 °C betragen. In der ersten Lebenswoche muss das Fohlen im Zwei-Stunden-Rhythmus rund um die Uhr gefüttert werden. In der zweiten und dritten Woche kann das Intervall auf zweieinhalb Stunden am Tag, und drei Stunden in der Nacht ausgedehnt werden. Künstlich ernährte Fohlen bedürfen der regelmäßigen Überwachung durch einen Tierarzt.

Mastitis der Stute. Das Euter der Stute muss, vor allem bis eine gewisse Routine beim Säugen eingetreten ist, täglich kontrolliert werden. Das Fohlen sollte abwechslungsweise an beiden Zitzen trinken und anschließend zufrieden und gesättigt wirken. Falls die Stute ihrem Kleinen plötzlich das Säugen verweigert, weil es ihr offensichtlich Schmerzen bereitet, muss der Tierarzt gerufen werden. Die Stute könnte an Mastitis, einer Milchdrüsenentzündung, leiden. Frühzeitig erkannt und mit Antibiotika behandelt, bestehen gute Heilungschancen. Eine verschleppte Mastitis jedoch führt teilweise zu irreversiblen Schäden am Euter.

Darmpechverhaltung. Darmpech nennt man die Kotmasse, die sich im Darm des ungeborenen Fohlens angesammelt hat. Sie ist von dunkelbrauner bis schwarzer Farbe und sollte innerhalb der ersten zwölf Stunden portionenweise ausgeschieden werden. Treten dabei Schwierigkeiten auf, verhält sich der kleine Patient wie bei einer Kolik. Er schlägt unruhig mit dem Schwänzchen, wälzt sich und dreht immer wieder den Kopf in Richtung Bauch. Auch hier sollte mit dem Herbeirufen des Tierarztes nicht gewartet werden.

Durchfall. Die häufigste Erkrankung bei Fohlen ist der Durchfall. Normalerweise setzten Saugfohlen weichen, aber geformten gelbbraunen Milchkot ab. Leiden sie an Durchfall, ist der Kot wässerig und von auffallend schlechtem Geruch. Meistens liegt der Grund in ungeeignetem Futter, Wurmbefall oder einer Infektion. Acht bis zehn Tage nach der Geburt wird die Stute wieder rossig, was ihre Milch etwas in Mitleidenschaft zieht. Auch dies kann mitunter ein Grund für Durchfall sein. Wirkt das Fohlen mit Durchfall matt und apathisch, muss es umgehend vom Tierarzt behandelt werden.

Lungenentzündung. Das Fell des Fohlens saugt sich bei Regen mit Wasser voll, da ihm eine Eigenfettung der Haare fehlt. Kälte und Nässe überfordern sein labiles Immunsystem. Bei schlechter Witterung sollten deshalb Stute und Fohlen während der Nacht aufgestallt werden, damit sich das Kleine zum Schlafen nicht auf den kalten, nassen Boden legt. Anzeichen einer Erkältung wie Prusten, Atemgeräusche oder eitriger Nasenausfluss sind ernst zu nehmen und ebenfalls durch den Tierarzt zu behandeln.

Weißmuskelkrankheit. Die Weißmuskelkrankheit beruht auf Selenmangel. Sie kann Eselfohlen bis zum Absetzalter befallen. Dabei entzünden sich die Muskeln und degenerieren. Prophylaktisch kann der Tierarzt in bekannten Gebieten mit selenarmen Böden der Stute bereits während der Trächtigkeit Vitamin E und Selen verschreiben.

Absetzen

Beobachtungen an Wild- und Hauseselstuten haben gezeigt, dass die Mütter ihre Fohlen im ungefähren Alter von einem Jahr allmählich entwöhnen. Die Stute hindert das Fohlen immer häufiger am Trinken und gleichzeitig nimmt ihre Milchproduktion ab. Ein Fohlen muss also nicht unter Zwang abgesetzt werden, es sei denn, die Mutter wird zu stark beansprucht und hat Schonung nötig.

Wird ein Fohlen verkauft oder in eine Jungtiergruppe verbracht, sollte dies nicht vor dem neunten Lebensmonat erfolgen. Bei einer plötzlichen gewaltsamen Trennung besteht die Gefahr, dass die Stute an Mastitis erkrankt und das Fohlen von Infektionskrankheiten befallen wird.

Kastration

Nach Möglichkeit sollte man Hengste frühzeitig kastrieren, denn nur als Wallache werden sie zu verlässlichen Freizeitpartnern. Das Hengstfohlen ist alt genug für eine Kastration, sobald sich beide Hoden vollends in den Hodensack abgesenkt haben. In der Regel ist dies mit sechs bis acht Monaten der Fall. Der Tierarzt führt den Eingriff meistens im heimischen Stall aus. Ob die Operation unter Vollnarkose oder unter lokaler Schmerzausschaltung stattfindet, ist abhängig vom Tierarzt und von Alter des Fohlens.

Das Hengstfohlen muss auf jeden Fall gegen Tetanus geimpft, entwurmt und bei guter Gesundheit sein, damit die Kastration durchgeführt werden kann. Frühjahr und Herbst sind ideale Zeiten dazu, weil das Klima dann gemäßigt und die Infektionsgefahr durch Insekten klein ist. Kastrationswunden werden nicht genäht, damit Blut und Wundsekret ausfließen können. Der Patient braucht nach der Operation viel Bewegung, damit sich die äußere Hautwunde nicht zu schnell schließt. Unentdeckte Nachblutungen und falsch dosierte Medikamente bilden die größten Risikofaktoren bei einer Kastration. Die Unfruchtbarkeit tritt anschließend nicht sofort ein – also Vorsicht mit frisch kastrierten Wallachen! Sie bleiben noch während ungefähr vier Wochen lang zeugungsfähig.

Das männliche Hormon Testosteron fördert Muskelwachstum und Imponierverhalten. Es sorgt auch dafür, dass sich die Wachstumsfugen der Knochen schließen. Hengste stellen daher ihr Wachstum früher ein als Wallache und bleiben somit kleiner.

▲

Ägyptischer Esel

Ein großes, aber dennoch leichtes und elegantes Tier ist der Ägyptische Esel. Sein Fell präsentiert sich ganz in Weiß oder in einem sehr hellen Grauton, ohne irgendwelche Abzeichen.
Der in ganz Nordafrika verbreitete Esel wurde rein gezüchtet und stark veredelt. Er galt als weltweit der Beste seiner Art. Die Europäer rühmten seinen Anmut und Adel. Dieses früher so stolze Reittier vornehmer Leute ist heute zu einem heruntergekommenen Schwerarbeiter geworden. Obwohl es sich um eine der ältesten Eselrassen überhaupt handelt, existieren weder Zuchtbuch noch irgendwelche Bemühungen, sich ihrem Erhalt anzunehmen.

	♂	♀
Widerristhöhe (cm)	120–140	120–140

Irischer Hausesel

Vom irischen Hausesel gibt es weder einen anerkannten Rassenstandard noch genaue Herkunftsangaben. In Frankreich nennt man die etwa 110 cm großen, gescheckten Esel Pie d'Irlande, obwohl in Irland selbst keine Vereinigung für diese Esel existiert und sie dort auch nicht übermäßig stark verbreitet sind. In den USA besteht eine Interessengemeinschaft für gescheckte Esel, welche alle gefleckten Esel nach ihrer Widerristhöhe in drei Größenkategorien unterteilt. Gemeinsames Hauptmerkmal all dieser Esel ist ihr scheckiges Fell. Die Flecken können ein- oder mehrfarbig sein, und deren Form und Verteilung auf dem Körper unregelmäßig. Einzig die Umrisse sind so klar wie möglich erwünscht. Aus der sukzessiven Kreuzung schwach gescheckter Tiere sind auch fast ganz weiße hervorgegangen, die kaum noch Flecken aufweisen.

	♂	♀
Widerristhöhe (cm)	frei	frei

▼

Miniaturesel

Der Miniesel ist nicht bloß ein klein geratener Zwergesel, sondern ein seit Generationen systematisch klein gezüchteter Vertreter seiner Art. Dabei wird sehr viel Wert auf harmonische Proportionen gelegt. Hauptkriterium aber ist und bleibt natürlich die Widerristhöhe.
In Amerika existiert eine offizielle A- und B-Registrierung für Miniesel. Die Widerristhöhe ist nach oben begrenzt, nach unten offen. Es wird lediglich empfohlen, Stuten die kleiner als 81 cm sind nicht zur Zucht zu verwenden. Damit will man Komplikationen bei der Geburt vermeiden. Aus Frankreich gibt es Angaben von „etwas größer als 60 cm“ für die kleinsten Exemplare. Erlaubt sind alle Farben und Abzeichen, seltene Färbungen lassen allerdings den Kaufpreis in die Höhe schnellen.

	Class A	Class B
Widerristhöhe (cm)	max. 91	max. 96

Deutscher Esel

Der Deutsche Esel umfasst eine große Vielfalt verschiedener Esel. Oberstes Ziel ist die Gesundheit – Größe und Farbe sind irrelevant. Er verkörpert einen umgänglichen und leistungsfähigen Begleiter mit tadellosem Exterieur. Dieses Ziel hat die IGEM bereits seit vielen Jahren verfolgt, bis schließlich 2012 der Deutsche Zuchtverband für Esel e.V. (DZE) gegründet worden ist. Nach Anerkennung der Gemeinnützigkeit im Januar 2013 folgte im Juli 2015 die offizielle staatliche Anerkennung als Züchtervereinigung. Der Zuchtstandard des DZE soll die Vielfalt der Esel unter der Berücksichtigung tierschutzrelevanter Punkte erhalten und fördern. Die Esel werden in 4 Sektionen unterteilt:
Sektion A: Stockmaß 80-100 cm
Sektion B: Stockmaß 101-120 cm
Sektion C: Stockmaß 121-138 cm
Sektion D: Stockmaß ab 139 cm.
Bewertet werden die im Zuchtprogramm definierten Eintragungsmerkmale. Die DZE Zuchtschauen werden von mindestens zwei Richtern gerichtet.

Gesund oder krank?

▶ In einer optimalen Eselhaltung erkranken die Tiere sozusagen nie.

Esel sind von Natur aus robust und werden nur selten ernsthaft krank. Eine artgerechte Haltung ist aber immer Voraussetzung, damit die Tiere ihre Widerstandskraft bewahren. Der aufmerksame Eselhalter erkennt sofort, wenn sich seine Schützlinge ungewöhnlich benehmen und er kann Abweichungen vom normalen Verhalten auch interpretieren. Ein gesunder Esel blickt mit glänzenden, klaren Augen in die Welt und hat weder Tränenfluss noch verklebte Stellen in den Augenwinkeln. Auch seine Nüstern sind sauber und trocken. Das Fell ist frei von verklebten, verfilzten oder aufgescheuerten Stellen. Er steht sicher auf seinen gleichförmigen Beinen und bewegt sich freudig und harmonisch in allen Grundgangarten. Sein Ohrenspiel ist lebhaft und er wendet sich aufmerksam dem Menschen zu. Fühlt sich der Esel wohl in seiner Haut, verfügt er auch über einen gesegneten Appetit und trinkt regelmäßig Wasser, harnt mehrere Male pro Tag und setzt immer wieder Kot ab.

Gesundheitsvorsorge

Der Eselhalter kann mit einem gewissenhaften Pflegeprogramm großen Einfluss auf die Gesundheit seiner Tiere nehmen. Überdies vertieft sich durch die tägliche Pflege die Beziehung zwischen Mensch und Tier.

Fellpflege

Ein sauberer Stall schützt am besten vor Verunreinigungen des Fells. Wo die Möglichkeit besteht, legen sich die Esel selber Wälzplätze an, die sie oft und gerne zur Körperpflege aufsuchen. Trotzdem muss man Fell und Haut regelmäßig auf Verletzungen, Parasiten und Unregelmäßigkeiten hin überprüfen. Die Esel geben sich liebend gerne der Fellpflege hin, favorisieren aber unterschiedliche Putzgeräte. Manche mögen das Kämmen, andere bevorzugen Striegel und Bürste. Waschen ist nicht nötig und wird in der Regel auch nicht besonders geschätzt. Falls ein „Bad" in Frage kommt, dann nur an wirklich heißen und windstillen Tagen.

Während des Haarwechsels im Frühjahr muss man das Fell der Esel zum Schutze vor Verfilzung speziell fleißig durchkämmen. Für Esel, die viel arbeiten, kann eine Schur im Frühsommer große Erleichterung bringen, da sie mit ihrem Winterfell und den bereits milden Temperaturen schnell ins Schwitzen geraten.

Hufe

Esel besitzen harte und zugleich elastische Hufe. Ihr Wachstum ist dem trockenen, steinigen Gelände ihres ursprünglichen Lebensraumes angepasst. Auf unseren vergleichsweise

▶ Aufbau des Eselhufes

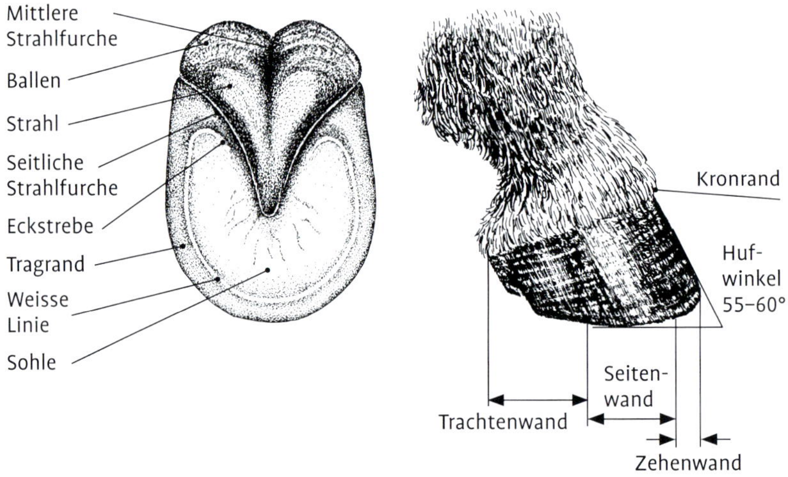

▶ Vernachlässigte Hufe und nicht be-handelte Stel-lungsfehler schädigen Sehnen und Gelenke und bereiten dem Esel Schmerzen.

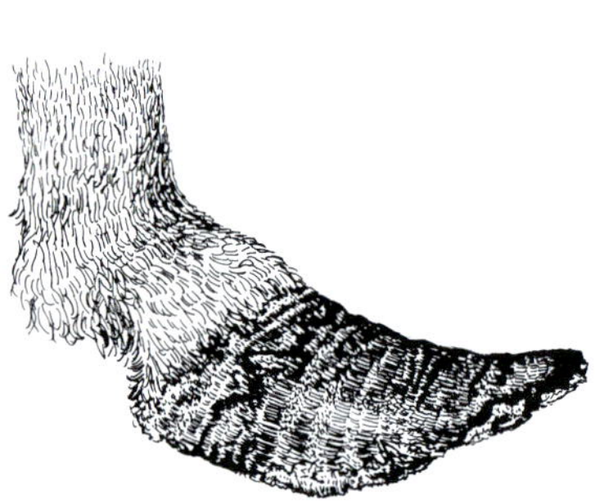

Der „Schnabelschuh" ist ein extrem vernachlässigter Huf.

Der Bockhuf ist eine fehlerhafte Stellung des Hufes.

Die Hufe müssen alle 6 bis 8 Wochen vom Fachmann geschnitten werden.

weichen Böden in Stall und Weide und der eingeschränkten Bewegungsfreiheit werden sie viel zuwenig abgenützt. Man muss sie deshalb regelmäßig kürzen, sonst wächst die Zehe so lange, bis sie sich nach oben krümmt und der sogenannte „Schnabelschuh" entsteht. Missbildungen am Huf haben wiederum Stellungsfehler der Gliedmaßen und schmerzhafte Entzündungen zur Folge.

Auch unser feuchtes Klima wirkt der Hufgesundheit abträglich. Deshalb ist die intensive Pflege der Hufe unverzichtbar. Sie müssen täglich von Mist und anhaftendem Schmutz befreit und trocken gebürstet werden. Wird der Huf vernachlässigt, entwickelt sich schnell eine Strahlfäule.

Die Hufpflege sollte man, bis sich eine gewisse Routine eingestellt hat, nach einem strengen Muster durch-

Gesundheitsvorsorge

führen. Dazu wird der Esel auf einen ebenen, sauberen Untergrund geführt und angebunden. Dann stellt man sich mit Blick nach hinten neben das Vorderbein des Esels und fährt mit der Hand dem Bein entlang nach unten um den Huf zu ergreifen. Falls der Esel den Huf nicht hebt, kann man zwei Finger breit über dem Fesselgelenk gegen die Sehnen drücken und ihn gleichzeitig mit einem Befehl dazu auffordern. Hinten geht man genau gleich vor und wiederholt dasselbe auf der anderen Seite. Die Hufe sollten nur etwa auf die Höhe des Sprunggelenks aufgehoben werden. „Anfänger" und verängstigte Tiere erfordern zu Beginn viel Geduld und Einfühlungsvermögen, bis sie die Hufpflege vertrauensvoll über sich ergehen lassen. Es empfiehlt sich, Jungtiere so früh wie möglich an die Hufpflege zu gewöhnen.

◄ Alle Hufe müssen täglich ausgekratzt und trocken gebürstet werden. Wichtig ist die kontinuierliche und konsequente Durchführung der Hufpflege. JEDER Esel kann zu einem Routinier erzogen werden.

Entwurmen

Würmer gehören zu den unvermeidlichen Schmarotzern, die jeder Esel bewirtet. Sie sind nur in gravierenden Fällen lebensbedrohlich, können aber das Wohlbefinden und die Widerstandsfähigkeit der Tiere stark beeinträchtigen. Mit einer gezielten Verabreichung von Wurmkuren und guter Hygiene hält man deren Bestand auf einem unschädlichen Niveau. Das System mit 3 bis 4 Behandlungen pro Jahr wird zunehmend in Frage gestellt. Der Behandlungsaufwand sollte so gering wie möglich gehalten werden, um Resistenzen zu vermeiden und die Wirksamkeit der Medikamente zu verlängern.

Die Hufe bedürfen täglicher Säuberung und Kontrolle.

▲ Die Esel legen sich zur Fellpflege Wälzplätze an, die von der gesamten Gruppe benutzt werden.

Dies erreicht man durch:

- Tägliches Entfernen von Mist aus Stall und Auslauf.
- Matratzeneinstreu vermeiden.
- Zweimal wöchentlich Absammeln der Kothaufen auf der Weide.
- Abmähen von Geilstellen auf der Weide, dabei das Gemähte keinesfalls verfüttern!
- Esel nicht im taunassen Gras weiden lassen.
- Weiden nicht mit Esel- oder Pferdemist düngen.
- Weide in Parzellen aufteilen.
- Wenn möglich, Wechselweide mit Wiederkäuern betreiben.
- Gleichzeitiges Entwurmen aller Tiere eines Bestandes.
- Neuzugänge zuerst isolieren und entwurmen.

Die Medikamente zur Entwurmung sind beim Tierarzt zu beziehen. Sie unterscheiden sich in ihrem Wirkungsspektrum, deshalb muss der Tierarzt immer das zuletzt verwendete Produkt kennen. Die Dosierung erfolgt nach Körpergewicht. Die gängigen Wurmkuren sind auf Pferde abgestimmt und reichen bei Eseln, je nach Größe, für zwei bis drei Anwendungen aus. Der Injektor wird seitlich ins Maul eingeführt und die Paste ganz hinten auf den Zungengrund gedrückt. Sicherheitshalber sollte man dem Esel nach der Verabreichung einen Moment lang das Maul zuhalten, damit er die Paste nicht wieder ausschütteln oder abstreifen kann.

Eine Überdosierung des Mittels ist übrigens weniger problematisch als eine Unterdosierung, da diese neben der mangelnden Wirksamkeit zusätzlich Resistenzen bei den Parasiten fördert. Weil die meisten Esel ganzjährigen Zugang zur Weide haben, kann der Zeitpunkt der Entwurmung kaum mehr, wie früher empfohlen, auf den Weideaustrieb gelegt werden. Eine der Behandlungen sollte allerdings immer auf Dezember fallen, da sich die Larven der Dasselfliegen nur zu diesem Zeitpunkt in einem für Medikamente erreichbaren Entwicklungsstadium befinden.

Mutterstuten müssen kurz vor der Geburt mit einem geeigneten Präparat entwurmt werden, deren Fohlen ab der 4.Lebenswoche alle sechs bis acht Wochen bis zum Absetzen. Jungtiere werden häufig von Spulwürmern befallen, die einen lebensbedrohlichen Darmverschluss erzeugen können.

Die Neuausrichtung der Parasitenkontrolle sieht vor, den Behandlungsentscheid bei gesunden erwachsenen Eseln auf das Ergebnis der Kotuntersuchung abzustützen. Über die Durchführung von Laboruntersuchungen und Wurmkuren muss man Buch führen, damit Zeitpunkt und Mittelwahl jederzeit einsehbar sind.

Impfen

Zu einer verantwortungsvollen Eselhaltung gehört auch eine regelmäßige Impfpraxis. Eine Impfung ist eine Immunisierung des Körpers gegen bestimmte Krankheitserreger und muss regelmäßig vorgenommen werden, sonst nützt sie nichts. Die gängigsten Impfungen wirken gegen Tetanus, Influenza, Tollwut, Herpes, Druse oder Hautpilz. Unverzichtbar ist nur der Impfschutz vor Wundstarrkrampf (Tetanus), auch bei Fohlen. Die Impfungen werden vom Tierarzt vorgenommen und im Equidenpass eingetragen.

Jeder Esel muss gegen Tetanus (Wundstarrkrampf) geimpft werden!

Zahnkontrolle

Gesunde Zähne sind für den Esel ein grundlegender Existenzfaktor. Sind die Zähne abnorm verbildet, bestehen gravierende Ernährungsschwierigkeiten. Der Esel besitzt mit vier bis fünf Jahren sein endgültiges Gebiss und bis ungefähr zu seinem zehnten Lebensjahr wachsen die Zähne kontinuierlich weiter. Danach werden sie nur noch nachgeschoben, bis sie schließlich im hohen Alter ausfallen. Der Abrieb durch das Kauen beträgt durchschnittlich zwei bis drei Millimeter jährlich. Die Kauflächen der Backenzähne beider Kiefer decken sich nur zu etwa einem Drittel, da der Oberkiefer breiter ist als der Unterkiefer. Trotzdem werden die Zähne aber durch die Seitwärtsbewegung beim Kauen gleichmäßig abgeschliffen. Weil der Esel zum Zerkleinern der „zivilisierten" Nahrung viel weniger Kauarbeit leisten muss, nutzt er seine

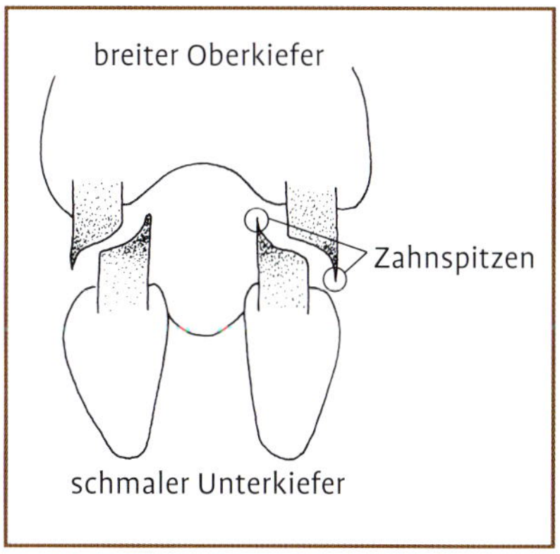

◀ Schematischer Schnitt durch die Kiefer auf Höhe der Backenzähne.

▶ Das Maulgatter ist ein wichtiges Hilfsmittel für die Zahnkontrolle und Behandlung. Es ermöglicht gefahrloses Arbeiten bis zum hintersten Backenzahn und verschont den Esel vor Kiefergelenkspannungen.

Zähne in der Folge nur noch ungenügend ab. An den inneren und äußeren Zahnrändern ohne „Gegenfläche" entstehen schließlich Spitzen, die die Kautätigkeit wiederum einschränken. Diese Zahnspitzen werden mit der Zeit so scharfkantig, dass sie Verletzungen an Backenschleimhaut und Mundhöhle verursachen. Damit der Esel wieder einwandfrei fressen kann, muss der Tierarzt diese Zahnhaken oder Spitzzähne, wie man sie auch nennt, periodisch abraspeln.

Die Anzeichen einer Zahnerkrankung sind:

- Fallenlassen von halb zerkautem Futter oder Heuwickeln.
- Übermäßiges Speicheln.
- Geringe Futteraufnahme mit Abmagerung.
- Übler Maul- und Nasengeruch.
- Unzerkaute Nahrung im Kot.
- Ungewöhnliche Gesichtsschwellung.
- Verdauungsprobleme.

Das Gebiss eines jeden Esels sollte jährlich kontrolliert werden.

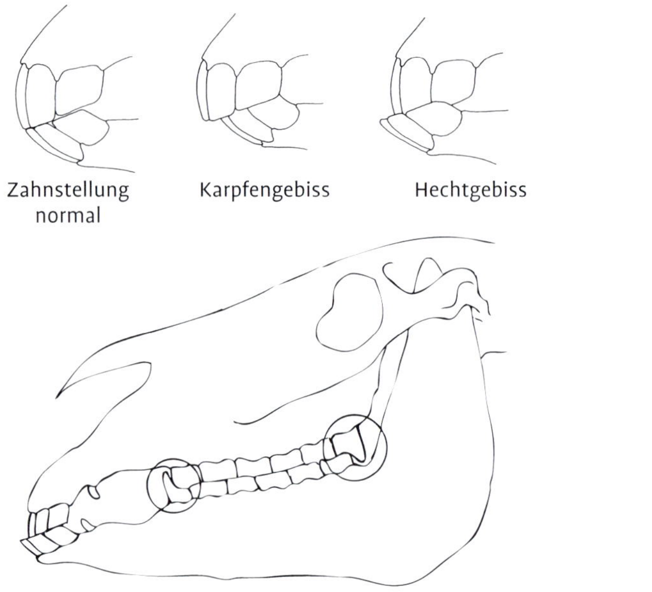

Von Fehlstellungen sind auch die Backenzähne betroffen. Es können schmerzhafte Haken und Kanten entstehen, die sich sogar bis in den gegenüberliegenden Kiefer einbeissen.

▶ Esel mit Gebissfehlstellungen müssen manchmal zweimal pro Jahr vom Tierarzt behandelt werden.

Verfügt der Esel über ein korrektes Gebiss, ist möglicherweise über Jahre hinweg kein Eingriff nötig. Esel mit Zahnfehlstellungen hingegen bedürfen einer intensiven Überwachung und ihr Gebiss muss regelmäßig korrigiert werden.

Gewichtskontrolle

Ein weit verbreitetes Problem in der Eselhaltung ist das Über- oder Untergewicht, wobei beides den Eseln gleichermaßen schadet. Ein ausgezehrter,

◀ Die übermäßige Fettansammlung am Mähnenkamm ist ein deutliches Merkmal eines stark übergewichtigen Esels. In extremen Fällen führt das Gewicht des eingelagerten Fettes zum Überkippen des Kammes.

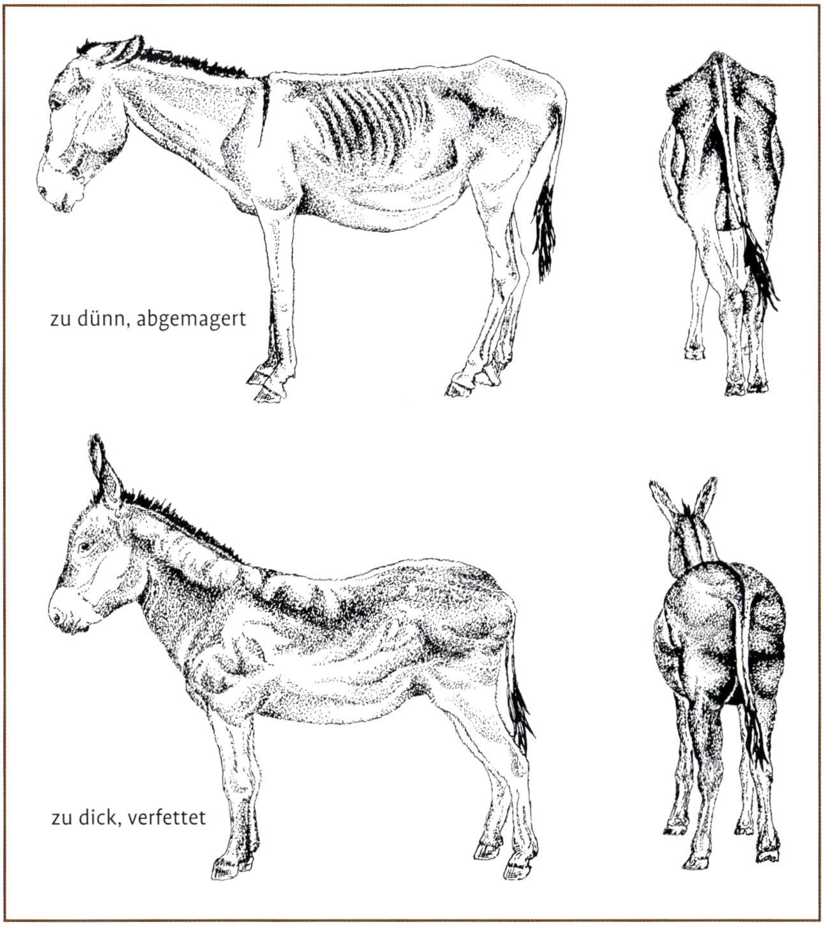

◀ Da Energieverbrauch und Futtermittelqualität schwanken, muss der Ernährungszustand des Esels immer wieder von neuem überprüft und beurteilt werden.

magerer Esel sieht knochig aus. Seine Rippen sind deutlich abgezeichnet oder bei langem Winterfell mit der Hand gut spürbar. Dornfortsätze der Wirbelsäule und Hüfthöcker stehen vor und seine Flanken sind eingefallen. Ein korrekt ernährter Esel hat leicht bedeckte Rippen, die aber noch gut ertastbar sind. Sein Mähnenkamm ist griffig, weich und schmal. Beim übergewichtigen Esel bildet sich am Mähnenkamm eine dicke, harte Fettwulst. Auch über den Rücken und die Rippen breiten sich Fettpolster aus. Dicke Esel leiden meistens zusätzlich noch unter Leber- und Huferkrankungen. Will man mit einem übergewichtigen Esel abspecken, darf er niemals auf „Nulldiät" gesetzt werden. Man füttert ihm etwa 80 % seines Erhaltungsbedarfs und reichlich Äste zum Beknabbern, damit er sein Kaubedürfnis stillen kann. Nur wenn eine Diät durch regelmäßige Bewegung unterstützt wird, führt sie längerfristig zum Erfolg.

Der Eselhalter muss das Körpergewicht seiner Tiere kennen. Wer keine Wiegemöglichkeit hat, sollte das Gewicht zumindest rechnerisch ermitteln. In folgenden Fällen benötigt man das Gewicht:

- Dosieren von Wurmkuren.
- Dosieren von Beruhigungsmitteln oder Narkosen.
- Berechnung von Futterrationen.
- Ermittlung von Zugleistung.
- Ermittlung von Tragleistung.
- Einhaltung der erlaubten Nutzlast in Tiertransportern.
- Überprüfung des allgemeinen Ernährungszustandes.

Zur Gewichtsberechnung existiert eine relativ präzise Formel. Man nimmt dazu die vier Körpermaße gemäß Zeichnung. Das genaue Stockmaß, die Widerristhöhe, wird vorzugsweise unter Zuhilfenahme einer Wasserwaage gemessen. Der Esel muss in normaler Körperhaltung, nicht fressend, auf einem ebenen Untergrund stehen. Der Brustumfang wird mit einem Maßband ermittelt, welches an der Stelle angelegt wird, wo der Sattelgurt verläuft. Die Höchstgrenze des Körpergewichtes für Zwergesel unter 1 m Stockmaß, liegt bei 150 kg, für Esel mit Stockmaß 1,3 m bei 310 kg.

▼ Maße und Formel zur Berechnung des Körpergewichtes.

S = Stockmaß oder widerristhöhe in cm
F = Fußlänge bis zum Ellbogen in cm
B = Brustumfang in cm
K = Körperlänge in cm

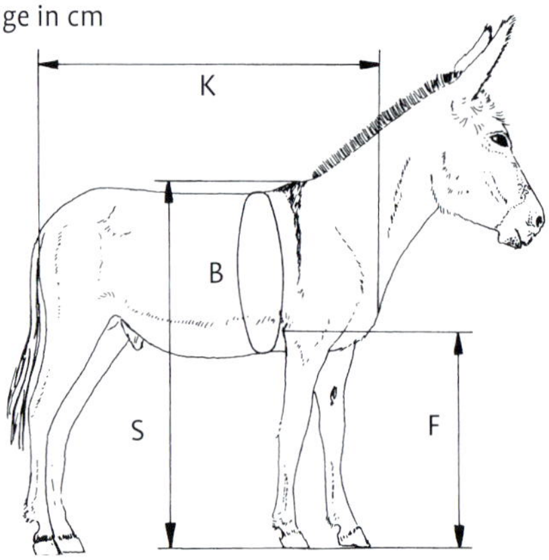

$$\textbf{Gewicht in kg} = \frac{(\text{Stockmaß} - \text{Fußlänge}) \times \text{Brustumfang} \times \text{Körperlänge}}{3500}$$

Symptome erkennen

Trotz artgerechter Haltung und vorbeugender Maßnahmen können Krankheiten auftreten. Ihre Auswirkungen lassen sich aber bei rechtzeitigem Erkennen und bald einsetzender Behandlung vermindern. Kranke Esel machen einen lustlosen, depressiven, müden und stumpfen Eindruck. Oft stehen sie mit gesträubtem Haarkleid, gekrümmtem Rücken und eingeklemmtem Schwanz abseits der anderen Stallgenossen. Die Futterverweigerung ist ein untrügliches Indiz für eine Krankheit.

Unpässliche Tiere untersucht man umgehend durch:

- Messen der Körpertemperatur durch vorsichtiges Einführen des Thermometers in den After. 39 bis 40°C weisen auf eine Krankheit hin.
- Bestimmen der Atemfrequenz durch Zählen der Brust- oder Flankenbewegungen.
- Ermitteln der Pulsfrequenz. Am einfachsten horcht man hierzu die Herztöne ab, indem man das Ohr an die linke Brustwand hinter dem Ellbogenhöcker anlegt.
- Befund des Nasenausflusses (Sekret, Eiterbeimischungen).
- Beurteilung des Kotes nach seiner Beschaffenheit.

Werte des gesunden erwachsenen Esels

Temperatur	37 bis 38 °C
Puls	36 bis 44 Schläge pro Minute
Atmung	10 bis 12 Atemzüge pro Minute

Esel besitzen eine hohe Schmerzgrenze und zeigen gesundheitliche Störungen nur sehr spät und nicht ausgesprochen deutlich. Werden bei einem Esel Schmerzen offensichtlich, dann steht es in jedem Fall schon sehr schlimm um ihn.

- Überprüfen der sichtbaren Schleimhäute. Das Zahnfleisch ist normalerweise blassrot bis rosa. Durch regelmäßiges Betrachten sollte man sich die normale Färbung einprägen.

Jahres-Gesundheitsplan

Die wichtigsten Angaben sollten stets für jeden einzelnen Esel schriftlich festgehalten werden. Wie solch ein Gesundheitsplan aussehen kann, finden Sie auf Seite 107.

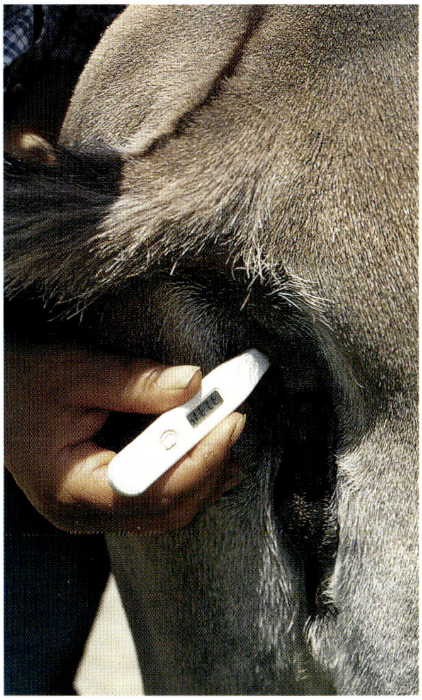

◀ Vor dem Einführen trägt man etwas Vaseline auf die Spitze des Fieberthermometers auf.

Krankheiten und ihre Behandlung

Dem Neuling fällt es anfänglich schwer, eine bestimmte Krankheit zu diagnostizieren und entsprechende Maßnahmen zu ergreifen.

Bei auffallend veränderten Werten sollte man sicherheitshalber immer den Tierarzt benachrichtigen. Dieser braucht genaue Angaben über den Krankheitsverlauf, respektive Unfallhergang, sowie über den momentanen Zustand des Tieres. Er muss entscheiden, ob er den Patienten im Laufe des Tages besuchen kann oder ob es sich um einen Notfall handelt.

In folgenden Fällen muss der Esel unverzüglich behandelt werden:

- Knochenbrüche,
- stark blutende Wunden,
- Atemnot und Würgen,
- Kolik,
- starke Lahmheit oder Festliegen,
- Vergiftungen,
- Geburtskomplikationen,
- kranke Fohlen.

Für gravierende Eingriffe beim Esel kann eine Sedierung, das heißt, das Verabreichen von Beruhigungsmitteln notwendig werden. Betäubte Esel müssen nach der Behandlung zu ihrem eigenen Schutz isoliert bleiben, und dürfen ein bis zwei Stunden nichts fressen.

Kleinere Hautverletzungen können vom Halter selbst mit bewährten Mitteln aus der Stallapotheke behandelt werden. Nach der Reinigung und Desinfektion der Wunde wird mit einer Salbe der Heilungsprozess eingeleitet und bei fortgeschrittener Heilung hält man die Haut mit einer Fettsalbe elastisch. Erhöhte Aufmerksamkeit ist Stichwunden beizumessen, denn es besteht die Gefahr, dass sich das äußere Gewebe schließt und unter der Haut ein Entzündungsherd entsteht.

Das Eingeben von Flüssigkeiten ist generell dem Tierarzt zu überlassen, da man bei unsachgemäßem Vorgehen dem Esel Schaden zufügen kann.

Eine Stallapotheke gehört in jeden Stall und muss trocken, sauber und für Kinder unerreichbar aufbewahrt werden. Vom Arzt verschriebene und nicht aufgebrauchte Medikamente gehören sachgerecht entsorgt, ebenso Medikamente mit abgelaufenem Verfallsdatum.

Die Stallapotheke sollte enthalten:

- ein digitales Fieberthermometer
- Schere, Messer, Pinzette
- Watte, sterile Gazekompressen, Klebeband
- elastische Binde
- Desinfektionsmittel flüssig
- Wundsalbe oder Wundpuder
- Vaseline oder Melkfett
- Kamillosan®
- eventuell homöopathische Mittel

Eine Übersicht über die häufigsten, bei Eseln vorkommenden Krankheiten, ihre Ursachen, Symptomatik und Behandlungsmöglichkeiten gibt die Tabelle auf den folgenden Seiten.

Krankheiten erkennen und behandeln

Krankheit	Ursache	Symptome	Behandlung
Einschuss (Phlegmone)	Infektion einer Wunde. Vor allem bei Stichwunden.	Angeschwollenes, heißes Bein. Schmerzen bei Berührung. Fieber.	Behandlung durch Tierarzt
Haarlinge	Parasit	Winzige gelbweiße Parasiten kleben am Haar. Manchmal Juckreiz.	Einsatz von Insektiziden
Läuse	Parasit	Nissen (Eier) kleben am Haarschaft. Kahle Scheuerstellen im Fell. Starker Juckreiz.	Einsatz von Insektiziden (Putzzeug ebenfalls behandeln!)
Milben (Räude)	Parasit	Schorfige Knötchen auf der Haut. Haarausfall. Starker Juckreiz.	Einsatz von Insektiziden (Putzzeug ebenfalls behandeln!)
Mauke, Raspe	Mischinfektion durch Schmutz und Nässe. Milbenbefall	Schmerzhafter, eitriger, schorfiger Hautausschlag in der Fesselbeuge.	Waschungen mit milder Seife. Gut trocknen. Zinksalbe.
Haarausfall, fleckenförmiger Hautausschlag	Hautpilz, Flechte	Schuppige haarlose Stellen. Meistens kein Juckreiz.	Behandlung nach Anleitung des Tierarztes.
Lungenentzündung	Bakterien und Viren	Hohes Fieber, rasche Atmung, schleimiger Nasenausfluss	Behandlung durch Tierarzt mit Antibiotika
Dämpfigkeit	Verschleppte Bronchitis	Verminderte Leistungsfähigkeit. Kraftloses, kurzes dumpfes Husten.	Ausgebildeter Lungendampf ist nicht heilbar
Druse	Bakterien (Streptokokken)	Fieber, Vereiterung der Lymphknoten, Abszesse	Behandlung durch Tierarzt
Kolik (siehe auch Verdauungsstörungen)	Störung im Magen-Darm-Trakt.	Schmerzen, Unruhe, Scharren, Schwitzen, Bauch hochziehen, Wälzen, Gähnen, Schwanzschlagen, Flehmen, sich nach dem Bauch umsehen, Apathie, Futterverweigerung	Behandlung durch Tierarzt

Krankheiten erkennen und behandeln (Fortsetzung)

Krankheit	Ursache	Symptome	Behandlung
Durchfall	Verschiedene Ursachen.	Wässriger Kot	Behandlung durch Tierarzt
Schlundverstopfung	Futterverstopfung in der Speiseröhre.	Unruhe, Kopfschlagen, Würgen, Nasenausfluss	Behandlung durch Tierarzt
Strahlfäule	Bakterien und Pilze	Schwarze, übel riechende Stellen am Strahl.	Faule Stellen ausschneiden. Mit Jod desinfizieren.
Hufrehe	Verschiedene Ursachen	Heftige Schmerzen. Heiße Hufe, Gehverweigerung.	Behandlung durch Tierarzt
Hufabszess	Eitrige Entzündung durch Bakterien	Lahmheit, heißer Huf	Behandlung durch Tierarzt
Vergiftung	Aufnahme von Giftpflanzen	Durchfall, Kolik, Krämpfe, Lähmungen, Speichelfluss, Muskelzittern, Atemnot	Behandlung durch Tierarzt

Meldepflichtige Krankheiten

Anzeigepflichtige Krankheiten gewinnen durch internationale Tiertransporte wieder an Aktualität und müssen unverzüglich bei der Veterinärbehörde oder Gemeinde gemeldet werden:

- Afrikanische Pferdepest,
- Ansteckende Blutarmut,
- Beschälseuche,
- Milzbrand,
- Pferdeenzephalopathie,
- Rotz (auf Menschen übertragbar),
- Tollwut (auf Menschen übertragbar).

Esel unterliegen der Beitragspflicht zur Tierseuchenkasse und müssen dort angemeldet werden.

Esel und Pferd im Vergleich

Obwohl Krankheiten und deren Behandlungen beim Esel fast identisch verlaufen wie beim Pferd, gibt es doch einige wichtige Besonderheiten beim Esel. Neben Aussehen und Sozialverhalten bestehen auch aus medizinischer Sicht bemerkenswerte Unterschiede zwischen den beiden Arten. So sind Skelett, Kehlkopf, Blutwerte, Körpertemperatur, Stoffwechsel und Medikamentenabbauzeiten anders. Der Esel besitzt weniger, dafür aber größere rote Blutkörperchen als das Pferd. Die bedeutensten Unterschiede sind in der Tabelle auf Seite 93 dargestellt.

◀ Bei der gemeinsamen Haltung von Esel und Pferd ist es wichtig zu wissen, dass die Verdauungseffizienz der Esel wesentlich höher als die der Pferde ist.

Unterschiede von Esel und Pferd

	Esel	**Pferd**
Lebensraum	Wüstenrandgebiete, Halbwüsten, Steinwüsten	offene Steppe
Sozialstruktur	lockere Familiengruppen ohne erkennbare Rangordnung	Herde mit strikter Rangordnung und Herdenführer
Verhalten bei Gefahr	Verharren, besonnene Flucht oder Angriff	extremes Fluchttier, teilweise kopflose Flucht
Trächtigkeitsdauer	365–370 Tage	335–346 Tage
Lebenserwartung	30 bis 40 Jahre	20 bis 30 Jahre
Erbgut	31 Paar Chromosomen	32 Paar Chromosomen
Anzahl der Lendenwirbel	5	6
Fell	bedingt wasserdicht	weitgehend wasserdicht

Somali-Wildesel

Der Somali-Wildesel ist mausgrau mit heller Maul- und Bauchpartie. Er besitzt deutliche Querstreifen an den Beinen, aber kein Schulterkreuz und nur einen dünnen Aalstrich. Sein Bestand in der freien Wildbahn wird auf rund 150 bis 300 Tiere geschätzt. Durch den Verlust seines Lebensraumes und Bejagung ist er stark gefährdet. In Zoologischen Gärten sind die Somali-Wildesel erst seit den 1970er Jahren zu sehen. Weltweit werden in 30 Zoos rund 130 Tiere gehalten. Die Zucht gestaltet sich als sehr schwierig, da Wildeseldamen bei der Partnerwahl ausgesprochen wählerisch sind.

	♂	♀
Widerristhöhe (cm)	bis 140	bis 140

Asiatische Wildesel

Der Asiatische Wildesel ist auch unter der Bezeichnung Halbesel bekannt. Er ist außerordentlich schnell, anspruchslos und unzähmbar. Sein Fell ist gelbbraun mit je nach Unterart mehr oder weniger hohem Weißanteil. Schulterkreuz oder Beinstreifen kommen nicht vor, doch einen Aalstrich besitzt er.
Die Halbesel sind eine eigenständige Art der Gattung *Equus*. Sie werden in die sechs Unterarten Kiang, Onager, Khur, Kulan, Dschiggetai und Syrischer Halbesel (ausgerottet) eingeteilt. Sie stehen fast alle auf der Roten Liste der vom Aussterben bedrohten Arten. Konkurrenz durch Vieherden, militärische Aktivitäten, Lebensraumzerstörung, illegale Jagd oder Seuchen setzen ihnen zu. Dank der Schaffung von Reservaten und Schutzgebieten konnten sich einzelne Bestände wieder leicht erholen.

	Je nach Unterart
Widerristhöhe (cm)	100–145

Wildlebende Hausesel

Im Gegensatz zu den vom Aussterben bedrohten Wildeseln vermehren sich die verwilderten Hausesel ausgesprochen stark. Sie haben fast keine natürlichen Feinde und sind sehr anpassungsfähig. In Australien und Amerika sieht man in ihnen bereits eine Landplage. Diese Esel stammen von Tieren ab, die ihren Besitzern entliefen oder absichtlich ausgesetzt wurden, weil man für sie keine Verwendung mehr hatte. In Amerika nennt man die verwilderten Hausesel „Burros“.

Widerristhöhe (cm)	keine Angaben

Maultier und Maulesel

Das Maultier ist ein Kreuzungsprodukt von Eselhengst und Pferdestute, der Maulesel von Pferdehengst und Eselstute. Über spezifische Wesensmerkmale dieser Hybriden wird viel spekuliert, aber nachgewiesene Unterschiede bestehen nicht. Sie sollen die Kraft der Pferde mit der genügsamen Langlebigkeit der Esel vereinen. Nachweislich sind Maultiere im Vergleich zum Pferd trittsicherer, von gesundheitlich besserer Kondition und weniger temperaturempfindlich. Früher wurde meistens mit Kaltblutpferden gezüchtet, um schwere und kräftige Mulis für die Landwirtschaft zu erhalten. Heute bestimmt der Verwendungszweck die Auswahl der Zuchttiere. Vom Kaltblutpferd bis hin zum Araber kommen alle möglichen Anpaarungen in Frage. Somit präsentieren sich auch die Maultiere in den unterschiedlichsten Größen und Farben.

	♂	♀
Widerristhöhe (cm)	frei	frei

Was kann man mit einem Esel unternehmen?

▶ In allen Ländern sind die Geschirre der Esel traditionell geschmückt.

Gemeinsame Aktivitäten vertiefen und festigen die Beziehung zwischen Mensch und Esel.

Den Esel kennt man seit Menschengedenken als Schwerarbeiter, so wie wir jedoch ihn halten, ist er eher Haustier. Er dient als Begleiter bei individuellen Freizeitaktivitäten und stellt uns dabei nicht nur seine körperlichen Fähigkeiten zur Verfügung, er schenkt uns auch seine Zuneigung und Partnerschaft. Sein großes Maß an Vernunft und der starke Drang nach Selbsterhaltung werden zwar oft als Störrischsein missverstanden, doch der Esel ist sehr freundlich und grundsätzlich darum bemüht, dem Menschen zu gefallen. Er zieht das aktive Leben definitiv einem „Rasenmäher-Dasein" vor. Unzufriedene, körperlich unausgelastete Esel können neben Krankheiten auch Unarten entwickeln. Geistig unterforderte Esel stumpfen ab, werden teilnahmslos, oder sie denken sich selbst allerhand Unfug aus.

Grundsätze

Esel muss man erziehen. Wie bei jeder Arbeit mit Tieren brauchen Lehrer und Schüler zuerst eine gemeinsame Kommunikationsebene. Dazu sollte der Eselhalter wissen:

- Das Verständigungssystem des Esels liefert vielfältige Informationen, die der Mensch interpretieren muss.
- Die Denkweise des Esels ist wie seine Sprache: klar und ehrlich.

Ein Esel denkt also nicht um die Ecke, tüftelt keine Feldzüge aus und ist nicht berechnend. Fehler in unserem Sinne begeht er keine, denn sein Verhalten basiert immer auf Gelerntem oder nicht Gelerntem. Auch wenn das Rangordnungsverhalten des Esels nicht sehr ausgeprägt ist, braucht er trotzdem ein Leittier. Der Mensch übernimmt diese Aufgabe, indem er eindeutige Regeln aufstellt und diese konsequent durchsetzt. Der Esel reagiert darauf mit Respekt und fühlt sich gleichzeitig behütet, sicher und geborgen.

Der Umgang mit dem Esel sollte immer freundlich, aber bestimmt sein. Hektik und Gewalt sind fehl am Platz, denn wankelmütigen und unberechenbaren Menschen kann der sensible Esel kein Vertrauen schenken. Menschliche Moralvorstellungen von Freundschaft und Liebe sind der Denkweise des Esels fremd, er kann nichts damit anfangen.

Ein paar wichtige Grundsätze im Umgang mit dem Esel sind:

- Man darf vom Esel nur fordern, was er auch gelernt hat.
- Der Esel darf nicht bestraft werden, wenn er etwas nicht kann oder nicht begreift.

- Bei fehlerhaftem Verhalten muss zuerst nach dem Grund dafür gesucht werden.
- Unerlaubtes Verhalten muss konsequent korrigiert werden.
- Ein Befehl muss immer die gleiche Bedeutung haben.
- Alle Kommandos müssen einfach und klar sein.
- Alle Aktivitäten sollten mit einem Erfolgserlebnis beendet werden.
- Kurze und häufige Ausbildungsschritte sind langen Übungen vorzuziehen.

Eine sehr wichtige Hilfe bei der Erziehung von Eseln ist die Stimme. Man darf jedoch nicht dauernd auf den Esel einreden, das würde ihn nur abstumpfen. Ein gezieltes Lob bei richtigem Verhalten aber motiviert die Esel außerordentlich stark und wirkt oft Wunder.

Der Esel weiß nicht, ob sein Benehmen aus menschlicher Sicht korrekt ist – außer der Mensch sagt es ihm.

Eine positive Bestätigung muss und soll nicht immer aus etwas Fressbarem bestehen. Leckerlis mögen im Anfangsstadium einer Ausbildung hilfreich sein, aber schlussendlich sollte ein wohlwollendes „Braaav!" genügen, um dem Esel mitzuteilen, dass er es gut gemacht hat. Eine zu häufige oder unkontrollierte Gabe von Leckerchen hat im Handumdrehen Betteln und gieriges Schnappen zur Folge.

Die Erziehung

Einem Esel kann viel beigebracht werden, was aber ein jeder Esel beherrschen muss ist:

- Angebunden ruhig stillzustehen.
- Sich brav putzen und die Hufe auskratzen lassen.
- Sich sicher führen lassen.
- Sich sicher verladen lassen.

Anbinden. Zum Anbinden trägt der Esel ein passendes Halfter, dessen Nasenriemen nicht über den Nüstern liegen darf, weil dies den Esel stört und er möglicherweise mit Kopfschlagen darauf reagiert. Die Länge des Anbindeseils muss dem Esel einerseits genügend Bewegungsfreiheit erlauben, darf aber andererseits nicht so lang sein, dass sich der Esel darin verwickeln oder darauf treten könnte.

Befestigt wird der Strick mit einem speziellen Sicherheitsknoten, der in Notfällen ein schnelles Öffnen erlaubt. Die Anbindevorrichtung muss stets gut verankert sein. Ein junger oder schlecht erzogener Esel verliert bald einmal die Geduld und wird „zappelig", deshalb sollten solche Tiere zuerst nur für kurze Dauer angebunden werden. Da man den Esel während dieser Zeit sowieso meistens pflegt, verknüpft er die Situation mit einer angenehmen Erfahrung. Er muss aber mit der Zeit auch ohne „Unterhaltung" anständig warten können.

Angebundene Esel müssen stets unter Aufsicht bleiben. Ein Esel darf der Unfallgefahr wegen niemals am Gebiss (Trensenring) angebunden werden.

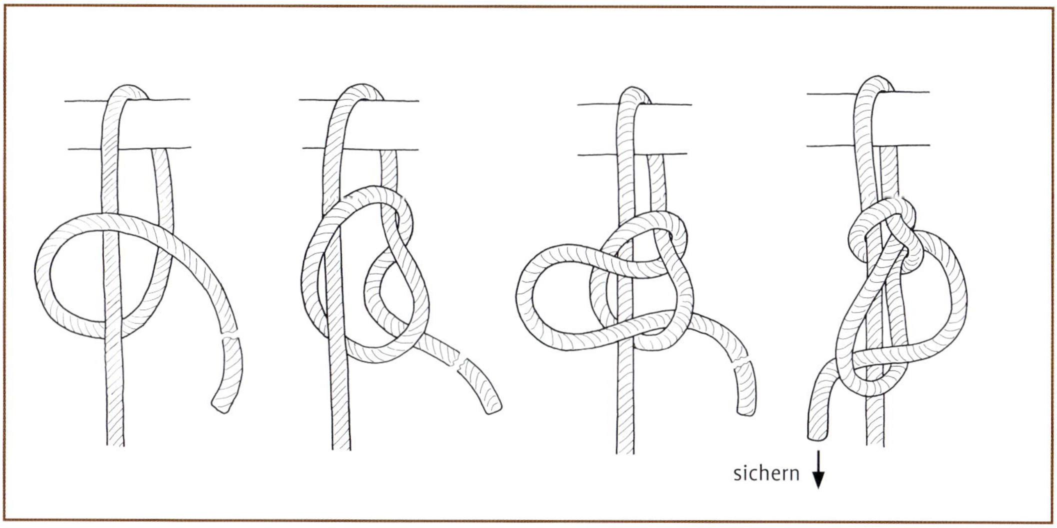

▲ So geknotet, bekommt man den Strick leicht auf, auch wenn der Esel daran zieht.

Führen. In der Regel wird der Esel mit der rechten Hand geführt. Er muss am lockeren Strick fleißigen Schrittes rechts neben dem Menschen gehen. Die Führperson soll sich selbstbewusst mit nach vorne gerichtetem Blick bewegen. Wer sich ständig nach dem Esel umsieht verunsichert ihn und er wird immer zögerlicher folgen. Geht der Esel nicht vorwärts, darf man sich auf keinen Fall in ein „Seilziehen" mit ihm einlassen. Falls er auch nach gutem Zureden nicht folgt, muss er von hinten durch eine Zweitperson angetrieben werden.

Anhalten. Der Esel soll auf Kommando stehen bleiben. Hierzu kombiniert man einen Befehl mit einem kurzen Zurückhalten am Halfter. Reagiert der Esel nicht, wiederholt man die Aufforderung mit einem energischeren Ruck. Zusätzlich wird die freie Hand „bremsend" an dessen Kopf oder Brust angelegt oder mit einer Gerte seine Brust angetippt. Während des Stehens ist weder Ziehen noch Fressen erlaubt. Der Esel muss lernen, geduldig zu warten, bis er von der Führperson „erlöst" wird.

Wenden. Eine Wendung sollte, wenn das Tier rechts geführt wird, auch rechtsherum erfolgen. Auf diese Weise biegt man den Esel in einem engen Kreis und er kann weder mit der Hinterhand ausscheren noch unkontrolliert davon stürmen. Die linke, freie Hand wirkt dabei unterstützend, wenn sie wegweisend vor den Kopf des Esels gehalten wird.

Transporter. Um einen Esel in den Transporter zu verladen, müssen immer zwei Personen zur Verfügung stehen. Der Esel trägt nur ein Halfter. Er benötigt Zeit, den unbekannten Boden der Aufstiegsrampe zu beurteilen. Unmittelbar nachdem der Esel im Transporter steht, muss eine Person die hintere Querstange einlegen, während die zweite Person den Esel vorne

▲ Nur gut erzogene Esel bereiten Freude und ermöglichen angst- und stressfreie gemeinsame Stunden der Erholung.

lobt und belohnt. Erst danach darf vorne angebunden werden. Beim Ausladen wird wiederum zuerst vorne gelöst und dann erst hinten geöffnet. Mit Geduld, Leckerlis und im Idealfall einem routinierten Artgenossen sollte sich jeder Esel an das Verladen gewöhnen lassen. Häufiges Trainieren garantiert den Erfolg im „Ernstfall“.

Schwierigkeiten. Probleme im Umgang mit dem Esel können und sollen nicht durch Muskelkraft gelöst werden. Im Moment kann ein Kraftakt den Esel wohl überraschen und beeindrucken, aber er wird schnell merken, wer eigentlich der Stärkere ist. Mit einem strengen Wort, einem kurzen Ruck am Halfter oder durch Antippen mit der Gerte gibt man besser Impulse, die vom Esel Aufmerksamkeit und Gehorsam fordern. Als Kontrollübung auf Spaziergängen sollte zwischendurch ab und zu angehalten werden. Auch das Gehen von Schlangenlinien und kleinen Kreisen fördert die Aufmerksamkeit und den Gehorsam des Esels und hält ihn davon ab, sich nach eigenem Gutdünken zu beschäftigen.

Strafe. Die Strafe ist das letzte Mittel bei offensichtlicher Widersetzlichkeit. Bestrafen tut natürlich niemand gerne, doch es gehört zum konsequenten Setzen von Grenzen. Eine Bestrafung muss jedoch wohlüberlegt, schnell, knapp und frei von persönlichen Emotionen stattfinden. Verstreichen mehr als fünf Sekunden nach der „Untat“ ist es für eine Strafe bereits zu spät. Dann wirkt sie sogar schädlich, weil der Esel sein Benehmen nicht mehr mit der Strafe in Verbindung bringen kann und deshalb nicht weiß, warum der Mensch ihm plötzlich böse ist. Eine Bestrafung darf nur bei eindeutigem „Tatbestand“ wie Umrennen, Beißen, Treten und Ähnlichem und niemals im Zusammenhang mit der Ausbildung erteilt werden. Die Strafe besteht immer aus Stimmeinsatz und je nach dem, einem Klaps mit der Hand, einem kräftigen Ruck am Führstrick, Rückwärtstreten lassen oder fortjagen.

Eine Strafe gilt nur der Untugend, nie dem Esel!

Unfallverhütung. Esel sind trotz ihrer Sanftmut in der Lage, urplötzlich gewaltige Kräfte zu entwickeln. Um Verletzungen zu vermeiden, dürfen deshalb Führstricke niemals um die Hand gewickelt werden. Auch festes Schuhwerk ist Pflicht, einerseits um einen sicheren Stand zu gewährleisten, und andererseits als Schutz vor den Eselhufen. Falls ein Esel bereits sehr kräftig aber noch unzuverlässig ist, arbeitet man aus Sicherheitsgründen besser mit Trense.

Eine Aufgabe für den Esel

Die gemeinsame Freizeitgestaltung mit Eseln bedeutet Entspannung und Erholung zugleich. Um über Jahre aktiv zu sein und dabei die Gesundheit des Esels zu erhalten, gilt es, einiges zu berücksichtigen:

- Aufgrund des langsamen Aufwuchses und der späten Knochenausformung dürfen Esel frühestens mit drei Jahren eingefahren und mit vier Jahren eingeritten oder mit Gewicht beladen werden.
- Es ist sicherzustellen, dass Ausrüstungsgegenstände wie Geschirr, Zaumzeug, Sattel oder Traggestell die Tiere nicht verletzen oder behindern können.
- Die Ausrüstung muss den Körpermaßen der Esel angepasst sein.
- Bei unregelmäßigen Arbeitseinsätzen sind Esel schlecht kondi-tio-niert und dürfen nicht bis zum empfohlenen Maximum belastet werden.
- Gesundheit und Wohlbefinden der Esel haben immer Vorrang vor ihrer Nutzung.
- Die Grenzen ihrer Leistungsfähigkeit müssen jederzeit berücksichtigt werden.
- Falls die Hufe durch die Arbeit zu stark abgetragen werden, benötigen die Esel einen Hufschutz.

Wandern

Schon seit Jahrhunderten wird der Esel beim Transport von Gütern genutzt, wobei er besonders in unwegsamem Gelände unersetzlich ist. Alte Saumpfade erinnern noch heute an Zeiten, als regelmäßiger Warentransport mit Esel und Muli an der Tagesordnung war. Das in jüngster Zeit populär gewordene Eseltrekking ist im Grunde nichts anderes als Säumen oder Basten mit dem Unterschied, dass der Esel nicht nur als Transportmittel dient, sondern auch ein treuer Weggefährte des Wanderers ist. Der Esel schlägt überdies großartige Brücken zu fremden Menschen, die den Weg der Reisenden kreuzen.

Um Waren per Esel zu transportieren, benutzt man Packsättel oder Traggestelle in unterschiedlichen Ausführungen. Damit die Last im steilen Gelände nicht rutscht, wird die Tragvorrichtung meistens mit einem Vor- und einem Hintergeschirr versehen. Auch Bastkörbe kann man dem Esel auflegen. Diese taugen jedoch nur für Spaziergänge in ebenem Gelände.

▼ Der Esel ist eine wertvolle Bereicherung auf Wanderschaften, und dies nicht nur hinsichtlich des Warentransportes!

Der Eselrücken muss immer mit einem dicken Polster vor der Tragvorrichtung geschützt werden. Das Wichtigste beim Bepacken eines Esels ist die gleichmäßige Verteilung der Last auf seinem Rücken.

Die maximale Traglast darf 20 % des Eigengewichtes des Esels nicht überschreiten. Der Unterschied der beiden Seitenlasten sollte höchstens 2 % des Gesamtgewichtes betragen.

Für lange Wandertouren muss der Esel natürlich auch über die nötige Kondition verfügen. Eine gut vorbereitete Routenplanung bewahrt den Eselführer vor unliebsamen Überraschungen, denn oft erschweren Hindernisse wie Brücken, Viehsperren und dergleichen das Vorankommen. Der Esel benötigt auch ausreichend Zeit, sich unterwegs zu verpflegen. Die Schrittgeschwindigkeit des Esels beträgt durchschnittlich 3,5 bis 4 km / h. Auf Wandertouren lassen sich, je nach Gelände, ungefähr 8 bis 12 km in einem Tag bewältigen.

▼ Der Reitesel muss besonders kräftig gebaut sein. Eine fachgerecht angepasste Reitausrüstung und ein guter Reiter sind ebenfalls Bedingung, dass die Ausritte allen beteiligten Freude bereiten.

Reiten

Ein Blick zurück in die Vergangenheit zeigt, dass der Esel den Durchbruch zum Reittier eigentlich nie richtig geschafft hat. Die Menschen ließen sich zwar häufig durch Esel befördern, dies aber meistens seitwärts auf deren Rücken oder Kruppe sitzend. So verkörperten sie eher eine Last als einen Reiter. Diese Tragesel werden auch nicht mit Trense, sondern nur durch Zuruf oder mit Hilfe eines Stockes gelenkt. Wer sich hierzulande in den Sattel schwingt, reitet wie es im Pferdesport üblich ist. Diese Reitweise setzt aber einiges an Kenntnissen voraus. Reitunterricht sollte also, nur schon aus Fairness dem Esel gegenüber, Pflicht sein – auch wenn sportlicher Ehrgeiz kein Thema ist. Jeder Reiter sollte lernen, seinen Esel mit den nachfolgend aufgeführten Hilfen in jeder Gangart überall hin zu lenken:

- Zügelhilfen
- Schenkelhilfen
- Gewichtshilfen
- Stimme
- Gerte und eventuell Sporen.

Das Ziel ist es, diese Hilfen einzeln oder kombiniert so präzise und feinfühlig wie möglich einzusetzen. Harmonisches Reiten ist nicht nur ein Wohl für alle Beteiligten, sondern auch ein echtes Stück Tierschutz!

Esel und Reiter müssen natürlich von der Größe her zueinander passen. Ein gerittener Esel benötigt einen kräf-

▲ Esel gehen gerne vor der Kutsche und geben dabei auch ein schönes Bild ab.

tigen und kompakten Körperbau sowie starke Beine, damit er seine Aufgabe, ohne Schaden zu nehmen, erfüllen kann. Die Bilder voll bepackter Arbeitsesel aus Drittweltländern verleiten immer wieder dazu, den Tieren zuviel Gewicht zuzumuten.

Da Esel „hart im Nehmen“ sind, muss man sie deshalb sorgfältig beobachten, um eine allfällige Überlastung zu erkennen. Alarmierende Anzeichen sind:

- Durchsacken der Wirbelsäule,
- Schlagen mit dem Kopf,
- Widersetzlichkeit beim Gehen,
- unter dem Reitergewicht fortrennen,
- stolpern und einknicken,
- Gleichgewichtsstörungen.

Esel dürfen höchstens einen Fünftel, also 20 % ihres Eigengewichtes tragen.

Wie bei menschlichen Athleten steigt auch bei Eseln die Belastbarkeit mit verbessertem Trainingszustand. Deshalb brauchen gerade Reitesel regelmäßige Praxis, damit ihre Muskulatur erhalten bleibt. Einen passenden Sattel für den außergewöhnlichen Eselrücken zu finden, ist schon etwas für sich und braucht Geduld. Sogenannte Trachtensättel eigenen sich in der Regel besser als Sportsättel, weil das Gewicht durch die größeren Auflageflächen besser verteilt wird.

Bei Pferden sind Sattel- und somit auch Rückenprobleme weit verbreitet, deswegen kann nur ein Fachmann das optimale Anpassen eines Sattels vornehmen. Die Abmessungen handelsüblicher Zäume weichen ebenfalls etwas vom Standard ab. Meistens ist das Stirnband für Esel zu kurz und muss ausgetauscht werden und auch bei der Wahl der Gebissgröße ist dem feinen Eselmaul Rechnung zu tragen.

Fahren

Das Fahren ist vor allem für Erwachsene attraktiv, da die meisten Esel von der Größe her nur Kinder zu tragen vermögen, aber einen Erwachsenen mühelos ziehen können. Esel geben relativ ruhige und sichere Zugtiere ab. Sie laufen grundsätzlich gerne vor der Kutsche, vorausgesetzt sie sind seriös mit dieser Aufgabe vertraut gemacht worden. Dem Fahrer stehen folgende Hilfen zur Verfügung:

- Stimmhilfe,
- Leinenhilfe,
- Peitschenhilfe.

Das Fahren mit Tierfuhrwerken birgt mehr Gefahren als das Reiten und erfordert deshalb größeren Gehorsam von den Tieren. Mit einer Kutsche wird man automatisch zum Verkehrsteilnehmer und ist damit den Vorschriften des Strassenverkehrgesetzes unterstellt.

Fundiertes Wissen und Fahrpraxis sind also unbedingte Pflicht, wenn man mit den Eseln unbeschwerte Ausfahrten genießen möchte. Auch hier kann die Grundausbildung mit Pferden erfolgen, es stehen aber bereits auch Fahrkurse mit Eseln im Angebot. Hinweise dazu erhält man bei den Eselvereinigungen.

Zum Anspannen benötigt man Geschirr und Wagen. Meistens ist das erste Geschirr ein Brustblattgeschirr, da es nicht sehr teuer und fast überall

▶ Fahren vom Boden ist die beste Grundausbildung für angehende Fahresel, macht aber auch sonst viel Spass.

erhältlich ist. Für überzeugte und fleißige Fahrer empfiehlt sich aber mit der Zeit die Anschaffung eines Kumtgeschirrs. Die meisten Esel besitzen nämlich eine eher schmale Brust und einen tief angesetzten Hals, was ihnen das Ziehen mit Brustblattgeschirr erschwert.

Bei den Kutschen unterscheidet man grundsätzlich zwischen ein- und zweiachsigen Wagen. Einachser mit zwei Rädern haben den Vorteil, dass sie sehr leicht und außerordentlich wendig sind. Sie können aber nur einspännig gefahren werden und müssen gut ausbalanciert sein, damit der Esel nicht zuviel Last auf dem Rücken aufnehmen muss.

Die wesentlichsten Kriterien beim Kauf einer Kutsche sind:

- Sicherheit = Stabilität, Bremsen, Beleuchtung
- Fahreigenschaften = Gewicht, Lenkung, Federung

Das Zugleistungsvermögen eines Esels hängt hauptsächlich von seinem Körpergewicht, aber auch vom Trainings- und Gesundheitszustand, der Einsatzfreude und dem Straßenzustand ab.

Die maximale Zuglast darf höchstens das zweifache Eigengewicht des Esels betragen.

Eine Fahrausrüstung ist in spezialisierten Pferdesportgeschäften erhältlich. Auch hier müssen die Anpassungen durch den Fachmann vorgenommen werden.

Bodenarbeit und Zirkuslektionen

Eine oft unterschätzte Aktivität mit Eseln ist die Bodenarbeit. Sie bietet eine wunderbare Alternative zum Reiten. Durch Bodenarbeit lernt der Esel eine Fülle verschiedener Aufgaben zu lösen, die ihn sowohl geistig als auch körperlich fit halten. Das Bewältigen eines Hindernisparcours zum Beispiel stellt Anforderungen an Beweglichkeit und Körperbalance, und gleichzeitig muss sich der Esel auf seinen Ausbilder konzentrieren, damit er die Übungen versteht.

Die Kommunikation basiert auf:

- Stimme,
- Mimik,
- Körperhaltung,
- räumlicher Position.

Um der hohen Beobachtungsgabe des Esels gerecht zu werden, ist auch von menschlicher Seite her eine klare und kontrollierte Haltung und Gestik gefordert. Die Möglichkeiten bei der Gestaltung von Übungen sind beinahe unerschöpflich:

Longenarbeit. Longenarbeit braucht nicht nur aus ewigem Gehen im Kreise zu bestehen, was den Esel auch zweifellos langweilen würde. Der Esel kann an der Longe beispielsweise über Stangen, Planen und andere Hindernisse treten. Bei der Longenarbeit muss der Esel immer links- und rechtsherum gleichmäßig gearbeitet werden.

Labyrinthe. Labyrinthe können in ihrem Aufbau unendlich variiert und sowohl vorwärts, rückwärts oder seit-

▲ Esel sind wahre Multitalente. Werden sie artgerecht ausgebildet und vertrauen ihrem Menschen, gehen sie sprichwörtlich durch das Feuer für ihn!

wärts durch- und überschritten werden. Eng gelegte Labyrinthe fördern das Körperbewusstsein und das Gleichgewicht des Esels.

Stangen, Bodenricks, Hindernisse. Die Arbeit über Stangen und Hindernisse ist wohl die gebräuchlichste Art der Bodenarbeit. Je abwechslungsreicher man die verschiedenen Utensilien legt, desto mehr wird die Aufmerksamkeit des Esels gefördert. Als Hindernisse lassen sich Tonnen, Reifen, Tore, Plastikplanen, Wippen, Brücken und vieles andere verwenden. Solche Hindernisse lehren den Esel auch, dass er nicht zu scheuen braucht, wenn etwas Unbekanntes am Boden liegt.

Zirkuslektionen. Showtraining oder Zirkuslektionen umfassen Übungen wie Kompliment, Knien, Liegen, Sitzen, Bergziege und Steigen. Für den Esel ist dies anspruchsvolle Gymnastik, weshalb unbedingt unter Anleitung von Fachpersonen gearbeitet werden muss. Die Gefahr, dass sich die Körperübungen bei unsachgemäßem Training schädlich auf den Esel auswirken oder dass er Befehle falsch interpretiert und daraus schlechte Angewohnheiten entwickelt, ist groß. Showtraining erfordert hohes gegenseitiges Vertrauen, Konzentration und Selbstbeherrschung seitens des Ausbilders.

Therapie

Ein ganz neues Tätigkeitsfeld für den Esel hat sich im therapeutischen Bereich eröffnet. Seine einzigartige Ausstrahlung und seine Ruhe machen den Esel zu einem vertrauensvollen Partner in der tiergestützten Therapie. Patienten finden den Zugang zum zutraulichen Langohr oft leichter als zu dem eher distanzierten Pferd. Ob im Heilpädagogischen Reiten oder auch nur im Umgang mit dem Tier kann der Esel einen Therapeuten bei der Behandlung unterschiedlichster Krankheitsbilder wie Verhaltensstörungen, Kommunikations- und Beziehungsproblemen, mangelhaftem Körperbewusstsein, minimalen cerebralen Bewegungsstörungen oder Wahrnehmungsstörungen unterstützen.

Service

Muster für einen Gesundheitsplan

Name: Geburtsdatum: Geschlecht:	Widerristhöhe: Gewicht:

2017	Hufpflege	Wurmkur	Zahnkontrolle	Impfungen	Tierarzt	Medikamente
Januar						
Februar						
März						
April						
Mai						
Juni						
Juli						
August						
September						
Oktober						
November						
Dezember						

Spezielle Notizen:

Literatur

Cavallo. Das Magazin für aktives Reiten. Scholten Verlag, Stuttgart, erscheint monatlich.
Denzau, G .u. H.: Wildesel. Jan Thorbecke Verlag, Stuttgart 1999
Deutsche Reiterliche Vereinigung: Richtlinien. FN-Verlag, Warendorf. Band 1, Grundausbildung für Reiter und Pferd, 30. Auflage 2016. Band 4, Haltung, Fütterung, Gesundheit und Zucht, 17. Auflage 2016. Band 5, Fahren, 11. Auflage 2013
Doktor Endes Stallapotheke. Müller Rüschlikon Verlag AG,Cham 2013, 1. Auflage
Dühr-Bien, D.: Mulis: Die etwas anderen Pferde. Müller Rüschlikon Verlags AG, Cham 2013, 1. Auflage
Eley, Janet L.: Keeping your donkey healthy. Donkey Breed Society, The Hermitage, Pootings, Edenbridge, Kent TN8 6SD 1998
Flade, J.E.: Die Esel, Haus- und Wildesel. Die Neue Brehm-Bücherei Bd.638, 2. Aufl., Nachdruck der Ausg. v. 1999. Westarp Wissenschaften, 2005
Friedrichs, T.: Esel- und Mulihufe. Books on Demand, 2005
Geitner, M.: Be strict – Denken wie ein Pferd. Müller Rüschlikon Verlags AG, Cham 2011
Hafner, M.: Esel halten. Eugen Ulmer Verlag, Stuttgart 2012, 3. Auflage
Interessengemeinschaft für Esel- und Mulifreunde in Deutschland e.V.: Esel Post. Bad Camberg, erscheint 4x jährlich
Landesbeauftragter für den Tierschutz des Landes Niedersachsen: Empfehlung zur Haltung von Eseln. Hannover 2000
Licht, U.: Liebenswertes Langohr. Müller Rüschlikon Verlags AG, Cham 2009
Schmidt, J.: Das Esel-Buch. BLV Buchverlag, München 2013, 1. Auflage
Schmidt, J.: Wandern mit den Packeseln, Eugen Ulmer Verlag, Stuttgart 2015, 1. Auflage
Svendsen, E.: Eselbuch, Eugen Ulmer Verlag, Stuttgart 2011, 1. Auflage

Wichtige Anschriften

Verbände und Organisationen

Interessengemeinschaft für Esel- und Mulifreunde in Deutschland e.V. (IGEM)
Steinweg 12
65520 Bad Camberg
Deutschland
www.esel.org

Schweizerische Interessengemeinschaft Eselfreunde (SIGEF)
Association suisse des amis des ânes
Association svizzera amici degli asini
Sonnenstrasse 25
2562 Port
Schweiz
www.eselfreunde.ch

IA AUSTRIA Interessengemeinschaft Österreichischer Eselfreunde (IAA)
Ulrike Knabl
Pirk 3
9433 St. Andrä
Österreich
www.ia-austria.at

Deutscher Zuchtverband für Esel e.V. (DZE)
Steinweg 12
665520 Bad Camberg
www.eselzuchtverband.de

Equidenpass Deutschland:
Deutsche Reiterliche Vereinigung
Eintrag Freizeitpferde
48229 Warendorf
Deutschland

Equidenpass Schweiz:
www.agate.ch
Help Desk Agate Tel: 0848 222 400 (d/f/i)

Hufpflege und Huftechnik

BESW Akademie
Gewerbegebiet Aachen 7
83137 Schonstett
Deutschland
www.besw.de

Gesellschaft der Huf- und Klauenpflege e. V. GdHK
Geschäftsstelle
Lahnstrasse 28
56370 Kördorf
Deutschland
www.gdhk.org

Sebastian Rüspeler
Hainstraße 24
35457 Lollar – Salzböden
Deutschland
www.hufschuhdoktor.de

Futtermittel und Ausrüstungsgegenstände für Stall und Esel

Deutschland:
Örtlicher Landhandel (z. B. Raiffeisen), örtliche Mühlen, Zoo- und Gartenhandlungen mit Heimtierbedarf.

Schweiz:
Landverband (Landi)
www.landi.ch

Loesdau Pferdesporthäuser
Deutschland
www.loesdau.de

Hü & Hott
Rita Leithner
Melchior-Fanger-Str. 38
82205 Gilching
Deutschland
www.hue-hott.de

Hauptner Instrumente GmbH
Riedwiesenstr. 11-13
8305 Dietlikon-Zürich
Schweiz
www.hauptner.ch

Internet

Der Verlag Eugen Ulmer ist nicht verantwortlich für den Inhalt von Internet-Links.

- www.esel.org
  Interessengemeinschaft für Esel- und Mulifreunde in Deutschland e.V.
- www.eselfreunde.ch
  Schweizerische Interessengemeinschaft Eselfreunde
- www.noteselhilfe.org
  Eselnothilfe
- www.eselinnot.ch
  Eselnothilfe
- www.eseltrekking.info
  Bietet geführte Esel-Trekking-Touren an
- www.eselwandern.de
  Anbieter von Eselwanderreisen
- www.muli.org
  Maultierfreunde Deutschland
- www.maultier.ch
  Maultierfreunde Schweiz
- www.ig-maultier.ch
  Schweizerische Interessengemeinschaft für das Maultier
- www.bourricot.com
  Portal der französischen Eselvereinigungen
- www.donkeybreedsociety.co.uk
  Englischer Eselzuchtverband
- www.donkeys.com
  Amerikanische Eselseite mit weiterführenden Links

Register

Mit * gekennzeichnete Seitenzahlen weisen auf eine Illustration hin

Bildquellen

Titelfoto: Silke Klewitz-Seemann

Klappe hinten außen: Eder/Shutterstock.com
Klappe vorne außen: Tierfotoagentur.de/W. Schäfer
Itan1409/Shutterstock.com: Seite 1
Marielle Andersson: Seite 79
Archiv Boiselle / Marielle Andersson: Seite 20, 96
Archiv Marisa Hafner/Peter Weibel: Seite 5, 6, 9, 10, 11, 14, 49, 53, 62, 64, 68, 71, 73, 75, 80, 84
Arioko/Pierre Miriski: Seite 51, 101
Iris Blue / Shutterstock.com graphy: Seite 13
Christina Tröndlin: Seite 79 r.
Linda Clarke, Elk Grove, USA: Seite 26
Hans Dossenbach, Schlatt, CH: Seite 94
Marianne Forrer, Villingen, CH: Seite 33, 78
Marisa Hafner: Seite 23, 27, 42, 45, 63, 66, 89, 104
Hans Hunziker: Seite 78
JUNIORS / Juniors Tierbildarchiv: Seite 67, 93, 100, 102
H. Louwman-Pauw, Wassenaar, NL: Seite 79
Pierre Miriski: Seite 67
René Meuri: Seite 103
Jean-Paul Monnier: Seite 66
Ruth Moser, Montiano, I: Seite 50
Luca Pastore: Seite 50
Gregor Schmidt: Seite 106
Reinhard Tierfoto: Seite 29, 51
Martina Weibel, Le Roselet, CH: Seite 47
White Star, Hamburg: Seite 26, 27
Zoonar GmbH / Hartwig Becker: Seite 94
Zoonar GmbH / Konrad Wothe: Seite 95

Die Zeichnungen stammen von der Autorin.

Ganz besonderen Dank an Fabio Silvestre und Luca Pastore für das Foto des Martina-Franka-Hengstes Lepanto 182 / 195 auf Seite 50.

Impressum

Die in diesem Buch enthaltenen Empfehlungen und Angaben sind vom Autor mit größter Sorgfalt zusammengestellt und geprüft worden. Eine Garantie für die Richtigkeit der Angaben kann aber nicht gegeben werden. Autor und Verlag übernehmen keinerlei Haftung für Schäden und Unfälle.

Bibliografische Information der Deutschen Nationalbibliothek
Die Deutsche Nationalbibliothek verzeichnet diese Publikation in der Deutschen Nationalbibliografie; detaillierte bibliografische Daten sind im Internet über http://dnb.d-nb.de abrufbar.

Wollgrasweg 41, 70599 Stuttgart (Hohenheim)
E-Mail: info@ulmer.de
Internet: www.ulmer.de
Lektorat: Dr. Eva-Maria Götz
Umschlagentwurf: Atelier Reichert, Stuttgart
Herstellung und dtp: Ulla Stammel, Nina Jourdan
Reproduktionen: Medienfabrik, Stuttgart
Druck und Bindung: Westermann Druck, Zwickau
Printed in Germany

ISBN 978-3-8001-0915-9